PLANET PARENT

THE WORLD'S BEST WAYS TO BRING UP YOUR CHILDREN

来自全世界的育儿经

〔英〕马克·伍兹◎著　郑志娟◎译

U0318632

九州出版社
JIUZHOUPRESS

图书在版编目（CIP）数据

来自全世界的育儿经 / （英）马克·伍兹著 ；郑志娟译 . -- 北京 ：九州出版社，2016.10

ISBN 978-7-5108-4781-3

Ⅰ．①来… Ⅱ．①马… ②郑… Ⅲ．①婴幼儿—哺育 Ⅳ．① TS976.31

中国版本图书馆 CIP 数据核字（2016）第 250418 号

Planet Parent © 2015 Mark Woods.

Original English language edition published by Crimson Publishing,

19-21c Charles Street, Bath BA1 1HX, GREAT BRITAIN.

版权合同登记号 图字：01-2016-6612

来自全世界的育儿经

作　　者	（英）马克·伍兹 著　　郑志娟 译
出版发行	九州出版社
地　　址	北京市西城区阜外大街甲 35 号（100037）
发行电话	（010）68992190/3/5/6
网　　址	www.jiuzhoupress.com
电子信箱	jiuzhou@jiuzhoupress.com
印　　刷	三河市华成印务有限公司
开　　本	710 毫米 ×930 毫米　16 开
印　　张	15.5
字　　数	175 千字
版　　次	2016 年 12 月第 1 版
印　　次	2016 年 12 月第 1 次印刷
书　　号	ISBN 978-7-5108-4781-3
定　　价	38.00 元

谨以此书献给莎拉、斯坦、路易、南希。

有一种痛，让你感受至深，那便是为人父母。

　　当然，也会有欢乐。当那灿烂、珍贵的一刻终于来临，你看着眼前这个小东西，他如此美丽、高贵，如此完美，你简直喜不自胜。

　　但是你也要为这份美好付出代价，你需要养育他、照顾他。你对他的关心和照顾，要远胜过你对这世上的其他。

　　这份责任由不得你选择，你也无法改变。你想要暂时脱身，装作问题都已经解决，但是你不能。问题总在那儿，你终究需要面对。

　　也许是小宠物又把嘴伸向了婴儿的浴盆，也许是操场上你的孩子羞怯地不敢同其他孩子握手，也许是青春期的孩子出现的种种叛逆……身为父母，在养育孩子的过程中，面对这些挑战，确实很多时候无力招架。

　　为了尽可能避开这些问题，绝大多数父母会尽自己最大的努力去养育好自己的孩子。

　　从睡眠模式、选择学校到肥胖症和过度夸奖，针对这些问题，我们到处寻求建议、借鉴经验、研究报告，希望能够为这份甜蜜的负担做出最好的决策。

人们的知识之源往往局限于自己的周边，而对我们影响最大的莫过于我们的家庭和朋友，因此我们养育孩子的方式，往往跟我们小时候被养育的方式相同。

然而，这个世界不断地在改变。

现在，我们的饮食方式、交流方式和娱乐方式已经全球化，因此我们也开始慢慢了解到世界各地的育儿方式，虽然这些知识仍然呈现碎片化，不够系统。

关于如何养育孩子，世界各地的父母所面临的核心问题大致相同，然而，不同国家、不同文化的人们的处理方式却可能完全不同。当悠久的传统和新的思想交汇碰撞，往往能够产生富有启发性的解决方案。

本书旨在收集世界上最好、最有益的育儿知识精华，以期建立一个全球性的育儿支持系统。

在本书中，我们可以一睹各个国家颇有独创性的育儿方式。比如，许多中国父母如何进行如厕训练，法国父母如何改变年轻人不健康的饮食方式，或者为什么芬兰和韩国两国的教育途径截然不同，却拥有世界上最好的教学体系？

本书中的许多知识会让你耳目一新，有一些内容会让你感到惊喜，有一些内容甚至会让你觉得震惊。但是，我希望在你面对人生中最重要的作业时，本书中发掘的智慧会助你一臂之力，帮助你以最好的方式养育孩子，让他们快乐成长。

欢迎阅读本书！

目 录 PLANET
PARENT

第三章　育儿经

第四章　饮食

奶瓶喂养和母乳喂养 /108

乳母、配方奶粉、奶瓶之战——全球范围内为什么掀起激烈的母乳喂养之争？

世界上的孩子都吃些什么？ /119

在喂养孩子这个问题上，除了有先见之明的法国革命避免了孩子的挑食问题，以及城镇上表现糟糕的美国父母们之外，还有什么？

肥胖症：大多数人面临的问题 /129

幼儿肥胖症横扫世界各个大洲、各个国家、各种文化，为解决这个问题，人们做了些什么？

第五章　学习

交流：顺其自然 /141

从语言学习到非语言信号和社交互动，不论母语是否相同，孩子们是否都以相同的方式表达自我？

第六章　思想的形成

体罚是否真的毁了孩子？淘气角是否解决了所有问题？

第七章　最后一站

现代父母 /203

对于如今的夫妻关系，当婴儿炸弹爆炸后，哪里的夫妻关系处理得最好？是否有些地方父母的地位比其他地方的更平等？

祖父母一辈 /213

在哪些地方，越来越多的头发花白的老爷爷、老奶奶，更可能坐在高速行驶着的汽车里，而不是推着婴儿车？

青春期 /219

青少年的声誉一直都相当恶劣——仅次于排行千年老二的父亲们。对于如今越来越多的回巢族，《来自全世界的育儿经》能否提供解决方案呢？

PLANET
PARENT

第一章

世界各地生育史

把大拇指放进哭泣柱的洞里旋转一下真的能治愈不育吗?

据说多吃山药可以促进身体在一个生育周期内自然分泌两个卵子,这样是不是更容易生双胞胎了呢?

你知道以前的时候,人们决定生男生女的方式吗?

你还在为不能生育而烦恼吗? 体外受精能帮你解决这个烦恼!

生育：神话与习俗

离开严谨的科学，我们是否过快地忘记了世上的生育仪式、

药方和实践？让我们来去粗取精。

一些关于生育方面的科学知识，让你醍醐灌顶；而源于白色外套帮的一些解决方案，其现代性也让你惊叹。在这个时代，这实在是一件颇具吸引力的事情。

世界上关于生育的神话、仪式和信仰，比我们人类所珍视的其他方面的都要多。当我们将过去人们所信仰而且传承到现在的朴素的自然观与近几十年来占据统治地位的先进科技进行对比时，往往会对前者嗤之以鼻，这是很自然的事情。

这些信仰并不都是关于古怪老妇的神话，偶尔，它们会广泛流传，在人们心中刻下印记，留下横扫整个文明的关于生育和出生率的真理。但是即便是这样，当我们进一步探究时，有的依然站不住脚。

比如人口爆炸，瑞典统计学专家汉斯·罗斯林（Hans Rosling，是卡罗琳学院的国际卫生学教授，并担任 Gapminder 基金会总监。——编者注）

研究的一个课题，是世界上争论最多的课题之一。

过去，人们普遍认为，世界人口增长的趋势是锐不可当的，人们永远无法确定增加的人口数量。

但是，汉斯认为，事实并非如此。

半个世纪以前，世界平均生育率是每个女人生育 5 个孩子，如今，这个数字已经降到了 2.5。这是一个令人震惊的转变，是婴儿低死亡率、采取避孕措施、女性接受教育三者综合作用的结果。在搜索引擎中输入"女孩效应 (The Girl Effect)"，你就会发现为什么这三者结合会产生如此强大的力量。

这是世界上巨大的成功故事的典型代表，经常跟它联系在一起的，还有一个经常被误解的事实，那就是人们所称的"第三世界"（指亚洲、非洲、拉丁美洲、大洋洲及其他地区的 130 多个发展中国家。——编者注）正向着健康和繁荣发展，许多国家的发展速度甚至是西方国家同一阶段发展速度的两倍。

从人口学来讲，全球生育率的下降，其影响是非常深远的。相关数据显示，当今世界上儿童的数量是历史上的最高值，而且将持续很长一段时间。据许多专家分析，我们人类即将进入"儿童数量高峰"时代。这很有可能将成为这个世纪接下来的时间里最后的一部分，因为人口将由缓慢增长逐渐变为停滞，但是这只是预测。

当然，关于生育，在宏观层面有许多实例和神话，其实，在微观层面，极其离奇的实例和神话也不在少数。

比如，如果你想提高自己受孕的概率，也不适合体外受精，那么下面我给大家介绍几种可选的方法。

世界五大生育仪式

女生的泼水节 匈牙利 鸦石村

这项古老的习俗很符合它那略微让人揪心的名字。年轻的男人们穿上传统的匈牙利服饰，把一桶桶水泼向女孩们，将她们浇得全身湿透。匈牙利人会在复活节当天举行泼水仪式，这个古老的仪式可以追溯到前基督时代。目前，这项活动吸引了大批的游客。记得带伞！

史前巨石群 英国 康沃尔郡

当地人称其为史前巨石群，用当地语言来解读，其字面意思就是"洞石"。不难理解这些青铜器时代的古迹在其 4500 年的历史中为什么被赋予了有关生育的超自然的能力。据当地的传说称，如果女人在满月那天倒着穿过石洞七次，她要么会怀孕，要么会摔倒。

神道生育节 日本

日本的神道生育节在每年的三月份举行，这个节日源于一个古老的故事：一个男人在结婚的当晚，在他即将见到自己的妻子时，一个恶魔将他肢解。

说到生育仪式，日本可不会糊弄。你不用不远万里或者回到 20 万年前去寻找一个巨大的男根。

节日的当天，神道祭祀会演奏乐器，还会有丰富多彩的游行，还有上好的清酒。

蜡烛、糖果、雕像、花车、帽子……各种物品都以祭奠生育的名义，做成了男根的形状。如今，人们也在通过这项活动为艾滋病研究筹集资金。

哭泣柱 土耳其 伊斯坦布尔

这个双关语和生育仪式到底哪个在前，我们很难弄清楚，但是几个世纪以来，前来壮观的索菲亚大教堂参观哭泣柱的信徒和游客一直络绎不绝。

哭泣柱，又称圣格雷戈里柱，据说上面滴下的圣水可以治愈百病，从失明到不育，无所不治。

这个支柱来自于以弗所的阿耳忒弥斯神庙，由白色大理石制成，现在立在博物馆北面的角落里。游客们将大拇指放进石柱中的洞里，旋转360度，如果出来的时候拇指是潮湿的，那就说明他们的不育症已经被治愈了。

塞那阿巴斯巨人像 英国 多赛特郡

在英国南部多赛特郡连绵起伏、苍翠繁茂的群山间，矗立着一座55米高的白垩岩运动巨人画像，这是世界上最大的画像之一。

关于塞那阿巴斯巨人像起源的各种传说非常离奇，尽管有人称这是几千年前的杰作，但是从目前的证据来看，只能追溯到17世纪。也有人认为，这幅作品是对军事家和政治家奥利弗·克伦威尔（Oliver Cromwell）的一种嘲笑。

但是不管怎样，有如此巨大的凭证，当地的民俗文化自然会将其作为生育的守护神。据说，在巨人画像上睡觉的女人会早生贵子。

"饮食男女"

然而，除了古代的民俗文化和今天先进的科学，还有一种因素能够帮助我们为人父母，不论我们身在何处、贫穷还是富有，这便是我们的饮食。

英国的韦斯特（Zita West）等诸多生育专家一致认为，饮食是能否成功受孕的一个重要影响因素。

每天的饮食必须丰富：从瘦肉和鱼类中摄入足够的蛋白质，从鱼类、坚果和种子中摄入必需的脂肪，饮食中还应该包括全麦碳水化合物、大量的水果和蔬菜。坚持三个月后，精子和卵子的质量会有较大提高。

所以，在你尝试受孕的前一晚吃一碗沙拉不会有不良影响。

对于男性来说，食用富含 ω-3 和 ω-6 的深海鱼类、含有硒和抗氧化剂的大蒜，以及含有维生素 E 的牛油果对于提升精子的活力、促进精子的增长至关重要。

对于女性来说，全脂乳制品是必要的食品。从鸡肉而不是红色肉类中摄取蛋白质是更好的选择。哈佛大学的一项研究发现，每天至少食用一份全脂乳制品的女性，其患有不育症的几率将至少减少 25%，因为研究认为乳制品中的脂肪有助于增强卵巢的功能。

食用大量的橙色水果和蔬菜尤其有益处，因为它们富含胡萝卜素，而我们的身体可以将胡萝卜素转化成维生素 A 并促进排卵，对于保护卵泡、子宫内膜和宫颈液有神奇的效果。

但是，有时候你会发现，现代科学认为有助于生育的某些食物，在 2000 年前可能被认为是影响性欲的元凶，这真是一件有趣的事儿。

我们的老祖先认为束紧耻骨区对于身体是有益的，读到这里，你肯定忍不住会嘲笑他们的无知。显然，这一行为是出于其审美特质，而不是具有生理方面的刺激功能。但是比起我们能看见的，还有更多被视作具有催情功能的不同部位。

以牛油果为例，阿兹特克人称其为"睾丸树"，因为它的果实总是成对悬挂着。但是，之前我们已经提到，它富含对于精子成长有益的关键营养元素——维生素E。如果你们村子里一个有11个孩子的男人曾经吃过许多这种像那玩意儿一样悬挂的牛油果，那么给予牛油果"生育圣果"的头衔不为过吧？

香蕉。很明显，它长得酷似阴茎，而且长期以来被作为一种催情的水果，但是我们现在知道它富含钾和维生素B，而钾和维生素B是产生性激素所必需的元素。

胡萝卜。酷似阴茎的前半部分，数世纪以来，人们一直将其与性联系起来，尤其是早期的中东皇室。但是，撇开它的形状不谈，现代营养学家通过研究发现，它富含的胡萝卜素在人体内可以转化成维生素A，有助于排卵。

大蒜。在一些地方，如果僧侣一直以来都在吃大蒜，那么他将被禁止进入寺院。并不是因为念经时他的口气会熏跑旁边的僧侣，而是因为大蒜具有催情的功能。现代研究表明，大蒜可以促进血液循环，我们都明白血液循环加快会带来什么结果，不是吗？

罗勒（唇形科罗勒属植物，又名九层塔、气香草等，有疏风行气、化湿消食、活血、解毒之功能。——编者注）也是如此。几个世纪以来，人们一直认为罗勒可以刺激性欲，提高生育能力，据说它特有的气味可以让男人春心萌动。效果如此神奇，因此过去女人们常将罗勒粉涂在胸前。看，罗勒越来越有"促进血液循环之神物"的美名！

牡蛎。人们给它贴上了"美学催情药"的标签，因为某些地方的人认为它的外观酷似女性的生殖器，实际上它富含锌元素，而锌元素对于增强男性的性能力有重要作用。

甘草。中国人过去曾认为它有催发情欲的功效，如今已风光不再，跟孩子们吃的糖果无异。最近，芝加哥嗅觉和味觉治疗研究基金会（Smell and Taste Treatment and Research Foundation）发现，黑甘草的气味可以使流向阴茎的血液增加大约13%，看来老祖先这次又中了一把！

然而，更让我们惊讶的是，在这一研究中还发现，当甘草和甜甜圈混合在一起时，这个数字就增大到32%。

这更表明了大千世界，无奇不有。

但是，关于促进生育，最有趣的食物莫过于海参淮山药粥。许多中医认为淮山药粥对于促进生育疗效甚佳。如果读完前面所讲的内容，你的脑海里已经被填满了阴茎形状的催情物，那么你自然会想到，海参是这道菜的关键。虽然海参确实是一只营养猛兽，实际上淮山药（山药干）才是最有趣的部分。

在尼日利亚西南部7000英里处，有一个叫作伊博-奥拉的小镇，这里长期以来的一个现象吸引了生育专家的注意，那就是，这个小镇平均每1000例分娩中有40.2对双胞胎诞生，这是全球双胞胎平均生育比例的五倍。伊博-奥拉小镇和其周围地区成为世界双胞胎之都。其背后的原因是什么呢？

谜底就是山药。

山药是当地人民的主食。长期以来，人们认为山药具有刺激排卵的特性，可以促进身体在一个生育周期内自然分泌两个卵子。

除此之外，在许多文化中，也有某种食物（且不说颜色、产地和时间）能够决定婴儿性别的说法。

人们影响生男生女的方式

往前追溯一段时间，你会发现，人们想要影响生男生女的方式也很有趣。

如果你想要生男孩，那么你要选择在夜间受孕，在月亮满 1/4 的时候最好，而且，你最好选择一个奇数天。同时，如果条件允许，女士（总是女士）的头部要朝向北方，这是出于男士地位至高无上的考虑。

除此之外，最好的睡眠姿势就是男士睡在右边，女士——不好意思，又是女士——睡在左边。

明白了？好。如果你想要个女孩，那就反向而行。

这些信息于 15 世纪第一次出现在法国的一本书中，这是一本收集各种大众信仰的书，书名为《纺纱杆福音书》（*The Distaff Gospels*）。书中讲的是一群女人在纺纱时彼此分享的生活秘诀，而纺纱杆是纺纱时所用的工具。

里面有许多精彩的金玉良言，比如"如果一个女人想要男孩而不是女孩，那么当她和丈夫发生关系时要握紧双手。"或者，"一个女人怀孕后，如果她腹中的孩子位置偏右，而且喜欢听有关比赛和竞技的事情，那么她怀的肯定是男孩。""如果她喜欢谈论舞蹈和音乐，恭喜，怀的肯定是女孩。"

这本书中还提到，"如果你看到太阳底下有一只猫，趴在窗前转过身舔自己，而且不用爪子挠耳朵，那么这一天肯定会下雨。"

对我们人类来说，这些真是让人觉得不可思议，我相信你也一定同意。

说到这儿，在怀孕前和怀孕时，饮食确实能够改变一些东西。如果你希望生个女孩，那就多喝牛奶、酸奶和水，多吃奶酪，少吃肉类和土豆。

如果你希望生男孩，那你需要吃大量的蔬菜，水芹、生菜、生卷心菜、菠菜和花菜等除外，这些想必不用说大家也已经知道了。

如果你不想通过改变饮食来影响婴儿的性别，不妨在床下放一把木勺，并在枕头下面放一条粉红丝带，这样就能奏成女性走碎步的声音，这相当于对着窗外大喊："我想生个女孩！"

对于西班牙的那些即将成为妈妈们的女性来说，这确实值得一试。前面提到的饮食就会让她们颇受打击。首先，如果她们怀孕时感到胃部灼热——事实上许多女性都会有这种感觉——那么她们孩子的头发会很茂密。

作为一个孕妇，你可能会认为吃水果不会有什么风险，这样的想法无可厚非，但有时你是要付出代价的，那就是你的宝贝会是一个小脏孩儿。还有，你最好不要食用奶酪和乳制品，你肯定不希望自己的孩子皮肤上长乳痂吧？

二十世纪六七十年代，科学逐渐得到普及，美国兴起两种理论，这两种理论至少有一些科学依据。

第一种是谢特尔斯法。谢特尔斯法认为，携带有 Y 染色体（男孩）的精子比携带有 X 染色体（女孩）的精子游得更快，但是不如后者存活的时间长。因此，此方法认为，如果你想要生男孩，那么受孕时间要尽量靠近排卵期。如果你想要生女孩，那么受孕时间要尽量安排在排卵期前的2~4 天。

第二种是惠兰法。惠兰法与谢特尔斯法大相径庭。它认为，如果你想要怀男孩，受孕时间应该选在女性基础体温达到峰值前的 4~6 天；如果你想要怀女孩，受孕时间则应该选在排卵期前的 2~3 天。

上面这些说法，不管其渊源为何，不论听起来它们如何可信，事实上，它们最大的共同点就是，都是陈旧的废话。

看起来很有吸引力？也许吧。有用吗？没有。

别担心，随着时代的发展，科学已经进入民俗文化领域，借助科学可以进行高科技的性别选择。

胚胎植入前基因诊断等程序最初是帮助已经通过基因测试、确定患有严重的基因失调疾病的夫妇，医学上称其为"家庭平衡"。现在，这个方法经常与体外受精联用，来帮助那些特别想要男孩或者特别想要女孩的人来确定胎儿的性别，其花费也确实不菲。

当然，只有你想要的性别的胚胎才会被植入，因此，如果不是因为身体的因素，大多数生育中心不欢迎人们通过这些程序来确定胎儿的性别。

上述种种原因，使得在床底下放木勺成为一个更有吸引力的话题，虽然它的结果依然是男女性别概率相等。

在生育方面，随着科学的发展，我们不仅丢失了原来的全球视角，而且也将历代的传统文化丢到了一边。同时，随着临床医生的介入，他们做任何事情也都只是从临床医学出发。

生育权：体外受精

在短短的 35 年里，辅助生育业已经成了十亿英镑的生意

——这是世界上的规则吗？

如果有比体外受精诊所的候诊室更让人紧张、焦虑和情绪化的地方，我肯定不会进去。

体外受精，更精确的术语是"辅助生殖技术"。亲身经历过之后，我对那些数年来坚持在受孕操作台上的人们无比敬畏和钦佩。

虽然各个国家的辅助生育医疗费用各不相同，但是，无论在哪个国家，费用都不低。然而，最有破坏性的，无疑是在身体和情感层面，因为在世界范围内，越来越多的女性为了她们一直渴望的宝宝，正在经历炼狱般的痛苦。辅助生育医疗就是我们渴望生育这种最基本的欲望的真实写照，这种欲望是如此坚决和强烈，让人不忍心近看。如果手术进展并不顺利，自我注射、激素冲击、甩不掉的对于失败的恐惧以及倾家荡产的绝望就会随之而来。

这种不断攀升的生育问题和治疗对策是一种全球化的现象吗？世界各

地应对这一问题的方式相同吗？西方的这种生育产业化现象是否有益？

让我们一起来寻找答案。

体外受精的发展史

人们经常不假思索地告诉你，有孩子是一种福气。

他们说得当然没错。但是，在你有孩子的第一年，你会时不时地发现，大概在凌晨 3:56，你抱着胀气的宝宝在客厅里踱来踱去，他一点儿睡意也没有。你吃惊极了，如果你尚有力气，你的眉毛肯定已经挑了起来，顺着你内心情感的方向。

但是当有人告诉你，你不一定能怀上宝宝的那一刻，你内心的渴望就开始萌芽了。在你的体外受精之旅中，你发现这种渴望写在了你遇到的每一个人的脸上。而且你会发现，来接受体外受精的人数是如此之多。

在地理扩张方面，体外受精诊所可与咖啡店和汉堡包连锁店相媲美。这是由一系列综合因素造成的，首要因素便是女性的生育年龄较晚，在西方如此，在诸如中国等经济迅速发展的国家，这种现象也越来越普遍。

这种现象确实令人惊讶，而这种现象背后相关的医学分支，在几十年前甚至都不存在。事实上，这个领域的研究发端于 20 世纪 40 年代的美国，当时哈佛大学的科学家们试图在兔子身上做体外受精实验——它们在这方面可不需要什么帮助。

20 世纪 60 年代初至 20 世纪 80 年代中期，科学家们又以小鼠和大鼠等为实验材料，进行了大量基础研究，在精子获能机理和获能方法方面取得很大进展。

20 世纪 60 年代中期，约翰·霍普金斯大学（The Johns Hopkins University）的研究者们开始尝试进行试管（源自拉丁语中的"杯子"一词）婴儿实验。

1978 年 7 月 25 日，世界上首例"试管婴儿"布朗·路易丝（Louise Joy Brown），在英国奥尔德姆市医院里诞生了，这标志着体外受精真正成为现实。

世界媒体立即将这个约 2.608 公斤的婴儿定义为"试管婴儿"。但是实际上，她以及在她之后大约 500 万体外受精所生的婴儿，都是在有盖培养皿中培育的。

接着，1980 年澳大利亚体外受精实验成功，1981 年美国体外受精实验成功，1982 年瑞典和法国体外受精实验成功。之后，体外受精发展势头迅猛，专业技术开始传播，体外受精革命正式拉开帷幕。

在早些年，想要进行体外受精的人，需要住院 2~3 天，而且在医疗过程中需要保存他们的所有尿液，以备分析验定，因为这是医生了解人体内激素水平的唯一途径。当然，现在我们很难感受到当时的媒体对这种新奇的育儿技术是多么感兴趣。正在接受治疗的女性都会定期受到警告：不要接受媒体采访！谨慎对待电话调查！避免提到她们在诊所遇到的女性的名字！

在初期，体外受精的成功率平均为 10% 左右。每次试验最大的可能便是劳而无功，但是这依然不能阻止世界各地的夫妇们注册报名，他们推动着研究创新，使得辅助生育技术逐渐发展成了今天价值数十亿英镑的产业。

如今，接受辅助生育治疗的人们也许再也不用不断地收集尿液，也不再有记者不顾一切地想要获悉其中的细节。虽然各个大陆选择医疗辅助生育的人数不断攀升，但是想通过人工方式来生育宝宝依然不是一件简单的任务。当然，在各个诊所，情况不尽相同，但是总体上讲女性一般不会住院治疗。与之相对应的是，她们需要自己管理自己用于刺激排卵的药物。

我在这里所说的"管理"，指的是注射。看着你的伴侣一天三次用实实在在的针头刺自己，只为了你们能有个孩子，这着实是一件令人难忘的经历。

如今，接受体外受精的女性的数量令人非常震惊，据世界卫生组织估测，世界上患有不育症的夫妇数量约在 1.2~1.6 亿之间。

尽管一份基于大范围调查的报告表明，2010 年的不孕不育状况与 1990 年的大致相同，但是据统计，地球上每六对夫妇中就有一对至少经历过一次某些形式的不孕不育问题。其中 20%~30% 的不育案例是由男性的生理原因造成的，20%~35% 的不育案例是由女性的生理原因造成的，而 25%~40% 的案例是由双方的生理原因共同造成的，另外，10%~20% 的案例被诊断为"原因不明性不育"。

如今，全球范围内不孕不育现象越来越多，虽然人们经常将不孕不育同生活方式因素联系起来，比如吸烟、超重、压力过大。但是迄今为止，最关键的一个原因便是女性伴侣的生育年龄越来越晚。世界上接受辅助生育治疗的女性，绝大多数是在 30~39 岁之间。

据世界经济与合作发展组织（OECD，the Organisation for Economic

Co-operation and Development）统计，在英国和德国，女性第一次当妈妈的平均年龄首次超过 30 岁，许多其他国家也即将迈入这一行列。这是一种令人震惊的社会转变，因为上一代第一次当妈妈的女性中，25 岁以下的人要远远多于 25 岁以上的人。

虽然这种转变可能有益于促进社会经济发展和男女平等，但是无疑它也推进了辅助医疗改革。据最新数据统计，2010 年的辅助生育医疗案例数量，美国为 147,260 例，澳大利亚和新西兰为 61,774 例，法国为 79,427 例，德国为 74,672 例，意大利、西班牙和英国都大约在 59,000 例左右。

暂时撇开这些原始数据不谈，北欧和低地国家（低地国家是荷兰、比利时和卢森堡三国的统称。——编者注）通过人工方式生育婴儿的比例在 3% 以上。

中国缺少关于体外受精的官方数据，但是这并不代表中国作为世界上经济增长最快的国家，没有迅速发展的体外受精产业。

众所周知，中国曾采取重大措施来降低人口发展速度，这一点可能让许多人惊讶。但是 1988 年中国首例试管婴儿出生以后，中国一直支持体外受精医疗。到 20 世纪 90 年代中期，生育状况有了细微但是切实的转变。

2001 年，中国（未包含台、港、澳地区数据）只有五家私人辅助生育医疗中心，如今已经增加到超过 200 家，而且还呈继续增长的趋势。2008 年，在震惊全国的大地震中失去生命的 7000 个孩子的父母，可以免费享受体外受精医疗，这充分体现了中国政府对于辅助生育医疗的支持。

通过辅助生育医疗生产的婴儿多为多胞胎，因此中国媒体对此争论较多也是可以理解的。即便如此，这仍然是一种花费高昂的解决方案。同世界上其他国家的情况一样，中国的辅助生育医疗的价格相对于人均收入来说，是相当高昂的。

事实上，著名的生育专家罗德·罗伯特·温斯顿（Lord Robert Winston），对辅助生育医疗的花费问题一直非常关注。作为行业先驱，罗德·罗伯特·温斯顿曾任世界卫生组织人类繁育项目的科学顾问，并提出了许多值得注意的问题。他不仅谈到许多私人诊所体外受精成功率的问题，也提到了收费问题，许多私人诊所甚至将部分收费名目列为后续开发费用。

高昂的花费问题，使得辅助生育医疗旅游成为一项重大产业。据估计，每年有大约 2~2.5 万对夫妇出国享受辅助生育技术服务。

这些人为了减少花费而选择出国，他们越来越倾向于选择东方以及新兴的国家。他们兜里揣着美元、英镑或者欧元去印度、韩国、泰国、西班牙、土耳其等提供高质量医疗的国家，花费却是在自己国家花费的一小部分。因此这迅速成为因医疗价格过高而被挤出市场或者在自己国家实践不成功却已经耗尽积蓄的夫妇的选择。

越来越多的城市争相宣传自己是辅助生育医疗的最佳目的地，并在闪亮的网站主页上标出会提供全五星级的服务。同时，驾驭复杂的国际辅助医疗制度的能力以及花费，是影响人们选择辅助生育医疗地点的重要因素。

受宗教、道德和文化等综合因素的影响，辅助生育医疗依然是一个存在争议和道德分歧的医学实践和个人问题。针对诸如利用捐献的卵子、冷冻胚胎以备未来使用等问题，许多国家的管理制度存在着很大的差异。

不同区域间最大的变化因素便是各区域所允许植入女性体内的胚胎的数量。尽管与过去的 10 年相比，植入更少的胚胎已经成为一种全球化趋势——据估测，如今世界上胚胎植入的平均数量为 1.75 个——这依然是一个饱受争议的问题，因为成千上万的人远渡重洋只是为了利用游戏规则改变后的红利。

欧洲 2010 年的数据表明，胚胎植入的多胞胎平均生育率自 2000 年起，已由 26.9% 下降到 19.2%。然而在立法处于最宽松阶段的美国，多胞胎平均生育率则显著升高，达到了 33%。

下面我们以传统的天主教国家波兰为例，来看一下这些问题如何不仅牵扯到道德层面，更成为政府所要面对的难题。

在波兰，辅助生育医疗并非是非法的，事实上，成千上万的波兰夫妇已经因为辅助生育医疗向全国大约 50 家诊所付费。但是，整个人工繁育医学分支在许多方面还未被认可，因为还处于未经规范的阶段。这意味着，对于未使用的胚胎的处理，监管措施很少，有的地方甚至没有监管措施。

这进而导致了波兰颇有影响力的主教们不停地强烈反对将体外受精纳入国家管控之下的议案。他们将体外受精医疗称为"优生学的姐妹"，某个大主教甚至宣称，支持任何未彻底禁止体外受精医疗的议案的国会议员都将被逐出教会。

以色列是世界上领先的生育地之一，也是世界上人均生育医疗诊所数量最多的国家。前面提到的，美国许多州宽松的立法方式，也吸引着许多欧洲人穿越大西洋。他们玩起了数字游戏，为了将多个胚胎植入体内而不断前来消费。

无论你选择去哪接受辅助生育医疗，这都需要一笔不菲的费用。非要如此吗？

计算体外受精医疗过程的花费可不是一项简单的工作。虽然核心花费经常会事先说明，但是各种各样的血液检验、扫描和大量药物的花费加在一起，总和会是一个非常惊人的数字。

此外，各个地区的辅助生育医疗花费存在差异，而且你无法事先了解并确定应该去哪里接受治疗，因为对于各个国家的各个诊所目前缺少基于案例基础上的具体研究。接受某项辅助生育医疗，在美国、中国香港和英国要耗费你15000英镑，而在捷克、韩国和印度，你可能只需花费3000英镑。

一方面，辅助生育医疗机构随心所欲地收费；另一方面，对接受医疗的夫妇们来讲这又是如此沉重。因此，价格和技术缺乏国际协调监管，是一个非常严重的问题。虽然从长期来看，形势是向好的，但是目前大有恶化的趋势。

尽管如此，在费用方面，人们依然看到了救星。来自比利时根克生育技术研究所（Genk Institute for Fertility Technology）的团队做了许多开拓性的令人欣喜的工作。简而言之，这个来自比利时的团队，减少了不必要的花费，降低了成本。

传统的体外受精实验室借助昂贵的二氧化碳培育箱、净化的空气和复杂的系统设备等特殊条件来辅助进行胚胎的选择和检查，而根克生育技术研究所则回归到基本条件，创造出了正常条件下的体外受精医疗！

传统的方式是向培育箱内抽送价格昂贵的医用级别的二氧化碳，而通过研究，他们欣喜地发现，可以通过将碱性小苏打溶解在水中或者将可食用的小苏打和柠檬酸混合制成这种二氧化碳。

至于培育箱，为什么不给两个试管中的一个加上橡皮塞，让其中一个试管中生成的二氧化碳转移到另一个试管中。然后将精子和卵子移入第二个试管中，如果一切顺利的话，受精过程很快就开始了。橡胶塞使得试管处于密封状态，满足了对净化空气的需求。经过3~5天，胚胎就可以植入女性子宫内了。

这与酿酒的程序有点儿类似。

这并不是一个不切实际的实验。2013年年中之前，比利时团队已经利用这种简单朴素的方法，孕育出了12个健康的婴儿。他们的成功率达到了30%，这与传统的试管授精方式的成功率大致相同，但是每例的花费却与传统方式相差甚远，只有170英镑。

如果这项技术能够得到广泛应用，就可以大大减少准备接受传统的辅助生育医疗的夫妇们的负担。在广大的发展中国家，也有成千上万无法生育的夫妇，他们由于费用问题无法通过传统的辅助生育技术拥有他们一直渴望的宝宝，现在他们又多了一种选择。

关于生育，在这一节我们回顾了许多神话或医疗科学方面的独特方法，实际上还有一种方式，唯独它成功跨越了东方和西方、传统和现代的鸿沟。

针灸有助于生育？

显而易见，医学界最难接受的，就是把针灸作为一种健康而有价值的生育医疗方式，也就是用细针刺进你身体的各个穴位。

这种针甚至都不是那种装满了激素的注射针，比如大多数接受体外受精医疗的患者在医疗过程所用的注射针，都是自己注射激素，然后把自己变成人肉针垫。

不，按理说，针灸疗法应该被医学界的生育专家们随便丢入上面标着"古怪废物"字样的垃圾桶，里面还有许多他们觉得荒谬可笑的方法，比如顺势疗法、芳香疗法，除此之外，还有性交后把腿伸向空中以加速精子的游动（显然，这不会起到一丁点儿作用）。

但是，事实上，过去的几十年，西方穿白大褂的人们不情愿地承认了东方的古代传统针灸疗法在生育方面的成就，而且现在在许多案例中还积极推荐针灸疗法。

在传统观念中，通过刺激具体的穴位，让体内气的流动达到平衡。这里的"气"是一种生命力或能量，是指中医或武术的基本原理所在。气在人体内沿着一种复杂的网络通道流动，也就是所谓的"经络"。

因此，现代医学很难接受这些理论也不足为怪。但是一种更易为人们接受的理论已经出现，它解释了针灸疗法是如何作用于人体的生育功能的：针灸疗法可以刺激人体的自主神经系统，从而控制人体的肌肉和腺体，提高子宫内膜对胚胎的容受性。

也许比起争论针灸疗法究竟如何对人体产生作用，更重要的是它是否能够真正对人体起到作用。针灸疗法初创于几千年前的中国，自其创立以来，从未像现在一样得到如此密切的研究和测定。但是，尽管人们对针灸疗法密切关注、仔细观察，我们依然没弄明白，而且每项研究似乎都与上一项相矛盾。

比如 2008 年，来自美国马里兰大学医学院和阿姆斯特丹自由大学的研究者们发表声明说，女性在接受辅助生育医疗时，如果同时接受针灸疗法，其怀孕的概率会大幅度增加 65%。

这项实验的研究对象为 1366 名接受辅助生育医疗的女性，这些女性处于不同的年龄阶段，遭遇的不孕问题也不尽相同。研究者对比了胚胎植入后一天之内进行针灸的具体疗效。他们对部分女性实施了伪针灸疗法，针刺的穴位并非常规针灸时的穴位，除此之外没有其他的治疗措施。结果表明，接受了真正的针灸治疗的女性，其怀孕的概率增加了 65%。

仅仅过了两年，也就是 2010 年，舆论倒向了另一边。英国生育协会警告不孕患者，并无证据证明针灸疗法（在这方面还有中国的草药）有助于生育。这项声明是基于英国生育协会对先前的 14 项研究的科学审查，这 14 项研究共涉及全世界的 2670 名女性。

事实便是如此。确凿的临床证据表明，针灸疗法完全是在浪费时间和金钱，直到 2012 年另一项研究结果的发布。当然，这项研究结果表明，针灸疗法对于辅助生育医疗有积极的影响，据统计分析达到了显著水准。然而，仅仅几个月后，在 2013 年 7 月，考克兰综述（Cochrane Review）称，对于针灸疗法的疗效，并未发现任何证据。

说到这里，我相信你已经大概了解了。虽然经过了大量的研究，但是显然情况仍然没有变化，针灸疗法在辅助生育医疗中是否起作用只在于个人的观念。过去许多的诊所准备把针灸疗法作为一种补充性的有价值的疗法，我们究竟能从中受益多少，这一点尚有争议。人们对于针灸治疗趋之若鹜，是不是因为一种从众心理？或者，这可能只是诊所赚钱的一种方式。这些人们如此渴望能够拥有一个孩子，一想到如果因为没去尝试而错失了机会，他们就无法承受。

一直以来，在生育的世界里，固定不变的传统答案都是一头令人难以捉摸的猛兽，它最初看上去非常简单，但是如果走近观察，它又变成多面的、彻头彻尾的魔鬼。

然而幸运的是，下面我们即将研究的是人生中最平静、快乐的一段时期，这段时期也许是我们人生中最自然的一段时光的序曲。关于怀孕和生产，我们能够从彼此身上学到些什么呢？

太多太多啦。

○ 一位家长的话 ○

我们的家庭之路比较曲折。现在很难想象以前，在那时候看来，现在的这一切几乎不会发生，而现在不把这一切当作理所当然，则是更难的一件事。

我遇见我的丈夫时，我们都已经差不多35岁了。我心里清楚，就生育而言，时间已经不再站在我这一边了。但是我丈夫是个积极乐观的人，他相信我们终究会有自己的孩子。现在看来，我们采取的稍微有点儿古怪的方式，非常适合我们。

我经历了两次子宫内受精 (IUI)，从本质上来讲，这是英国国家健康体系的一种医学上的火鸡滴油管（类似于人工受孕的胶头滴管。——编者注）受精文明。两次尝试都失败后，接着是三次体外受精，我们为此付了高昂的费用（如果超过 35 岁，我们的医疗部门不会对体外受精医疗进行资助）。后来我们又换了几家诊所，经过了更多次的尝试，最终得知我的卵子质量较差，无法进行体外受精，如果再来一轮尝试，成功的几率还不到 5%。

　　医生建议我们采用捐献的卵子，还提到国外的程序操作更加简单、快速，西班牙就是一个非常不错的选择。

　　我花了一点儿时间来哀悼我那无用的卵子，悼念我那无法流传下去的基因，但是我很快就觉得医生的建议很不错。我们曾经考虑过领养孩子，但是后来这个机会一再被推迟，因为我们还没有做好准备迎接这个挑战，对我们来说，接受捐献的卵子更容易让我们接受，这样我依然会怀孕、生产。我们都喜欢西班牙，而且我公公就住在那儿，所以我们就约定假期去那里的诊所看一看。

　　最后，我们只去看了两家诊所，两家都非常不错，我们最终选择了马贝拉(西班牙南部安达卢西亚自治区马拉加省的一个城市。——编者注) 的一家小诊所，因为这里离我们的家人比较近。之后我们见到了和蔼可亲的顾问和来自英国的护士。这一次因为要采用医疗方式处理我们的生育问题，所以我们被区别对待。诊所有许多年轻的捐献者，每个人能得到 900 欧元的报酬。作为赔偿也许已经够了，但仅仅是金钱，无法支撑她们经历这些（希望如此），而且，她们都是匿名的。

真是奇怪，这位不可思议的女孩，她的卵子（它们小到肉眼都无法分辨）最后将成长为我们的孩子。而我们只知道她今年 26 岁，在一家商店工作，喜欢跳舞、游泳和读书。我们很喜欢这个女孩，等到我们的双胞胎长大后，我们会给他们讲他们的仙女教母的故事。

没错，是双胞胎！

其实，我们试了三次才成功，其中有一次算是白跑了一趟，因为捐献者的身体并未对刺激性药物起反应。但是，最终我们还是成功怀上了双胞胎。宝宝们现在已经三岁，看起来跟爸爸很像，但是身上是可爱的橄榄般颜色的皮肤，喜欢跳舞、游泳和读书，她们正在看《爱探险的朵拉》（Dora the Explorer），学习西班牙语。一直以来，我都非常喜欢西班牙，现在我们更有理由去度假啦。

我们的孩子看上去完完全全就像我们的孩子，但是我们会跟他们分享他们来到我们身边的奇妙旅程，带他们去体验那个曾是他们血液中一部分的国家。

简（Jane）——英国，西班牙

世间智慧——世界各地生育史

据世界卫生组织估计，世界上大约有 1.2~1.6 亿夫妻受到不育问题的困扰。

在英国和德国，女性第一次当妈妈的平均年龄已经首次超过 30 岁。

印度、西班牙、韩国、泰国、土耳其等国家是世界上提供低费用、高质量体外受精医疗的国家。

50 年前，世界平均每个妇女生育 5 个孩子，今天这个数字已经下降到了 2.5。

PLANET
PARENT

第二章

怀孕与生产

你知道吗？巴厘岛的孕妇不能吃章鱼，因为这会导致难产。

你们国家有产假和育婴假吗？带薪休假吗？

人类是什么时候开始躺着生孩子的？

坐月子真的 30 天不能洗澡吗？

怀孕：怀孕的旅途中是否有天堂？

不论身在何处，怀孕期间都是一段特殊的时期

——不过到底谁将妈妈们照顾得最好呢？他们又是怎么做的？

怀孕周期

恭喜，你怀孕啦。

与生育有关的一切，几乎都有讲不完的神话、传统和惯例，但有一点是毫无疑问的，那就是，对我们人类来说，圆满、正常的孕期要持续 9 个月，无论你身在地球的哪个地方。

不对，日本就不是这样的。

在日本这个秩序严谨的国度，孕期是 10 个月，而不是 9 个月。原因在于这里的每个月都算作 28 天，而事实上每个月为 28~31 天不等，所以他们所谓的 10 个月其实就是以 28 天计算的其他国家的 9 个月。

明白了？好的。

所以对于妊娠期，并不存在争议，而且它非常简单直接，逻辑分明。早期妊娠是指头四个月，中期妊娠是指从第五个月至第七个月，而晚期妊娠是指从第八个月至第十个月。

当那重要的一刻真正到来的时候，日本的大多数妇产医院是允许孩子的父亲在一旁陪同的，但是他在整个生产过程中只能待在妻子的头那一边，不能冒昧地到生产重地去探一探，以免因为自己见到的场景而造成心理创伤！

在美国和英国，预产期是从女性的最后一个月经周期的第一天向后推40周，包括孕前的两周和妊娠期的38周。

而在法国，法国人计算妊娠期的方法比较独特，医生计算预产期是从女性的最后一个月经周期的第一天向后推九个月，也就是包括孕前的两周和妊娠期的39周，共计41周。

一旦算出了预产期是哪天，那么对于任何地方的妈妈来说，通往分娩之路就一帆风顺了。

当然，并非完全是这样。

首先有一两（百）个不同的信念等着你去辨别，这取决于你生活在哪里。

如果你生活在巴厘岛，不要吃章鱼，因为这些小东西会导致难产，也许是因为那些小爪子吧。

你是玻利维亚人？那你可千万别为你肚子里的小宝贝织衣服，因为这可能会导致脐带缠绕在宝宝的脖子上。

因纽特人切忌吹气球或者吹泡泡糖，以免破坏黏膜。

其他地方呢？最受宠爱和保护的要数波利尼西亚的怀孕妈妈了，整个妊娠期，她们都会由社区统一护理照顾。此外，还会有助产士定期上门按摩哦！

事实上，在毛利文化中，父亲会学习如何进行孕期按摩。这种毛利式的孕期按摩将轻柔的腹部按摩、身姿以及压觉点结合了起来，而且根据毛利文化，为了母子的健康，按摩的频率越高越好。

对于宝宝来说，还有比 Peepi（毛利语中"宝贝"译为 Peepi。——编者注）更可爱的名字吗？我可没那么幸运，没有生在这么一个国家。

中国的怀孕妈妈要远离恶鬼、葬礼和性。如果这三者碰到了一起，那就得叫警察了。

在中国的传统文化中，未出生的婴儿的个性会深受怀孕妈妈的身心状态的影响。因此，在中国，对于怀孕妈妈的建议是不要说长道短、发脾气，也不要进行体力劳动。

类似的信仰在韩国也存在，只是与中国稍有不同。韩国的传统文化认为，孕期的妈妈应该吸纳更多的美，而且要积极乐观。她们吸收越多的欢乐，她们的孩子就会越可人。甚至孕期妈妈要禁食任何易碎的食物，比如饼干，因为他们相信这样会使宝宝变得脆弱。此外，他们也不吃鸭子，以防孩子会长蹼足。

虽然把宝宝脆弱和吃饼干、宝宝蹼足与吃鸭肉联系起来，确实扯得有点儿远了，但是，现代科学已经证明，中国和韩国传统中所认为的妈妈的思想状态对于孩子有非常直接的影响的观点非常正确。

大量研究发现，怀孕期间如果承受大量的压力，很容易导致妊娠期缩短、早产甚至流产，还容易对孩子在以后生活中的情绪反应和注意力造成影响。这也表明，我们经常不屑一顾的古代妇女的传说其本质实际上是非常正确的，这也是常有的事儿。

然而，对于今天的大多数怀孕妈妈来说，有两个问题一直占据着主导地位：一个问题与生育自身一样古老，另一个问题则是非常现代化的现象。

分娩之痛

从目前的分娩方式来看，对许多女性来说，分娩之痛以及如何应对是非常明显的问题。不仅世界各地处理分娩疼痛的方式不同，人们的感觉也不同。

在某些文化中，特别是在亚洲的部分地区，女性处理分娩之痛的方式常常与其家族的荣誉联系在一起。然而，在地中海文化中，采用的是善于表达、充满感情的方式，分娩的妈妈们会清楚地表达她们的感受，也许他们的文化传统就是如此。

但是，无论你在哪里，都只能忍受疼痛吗？个人也许会有不同的痛阈，但是整个文化呢？没法止痛和坚忍承受何为因果？

对于上面的任何问题，都没有简单可循的答案。正如我们后面将要探究的，不断增加的医学分娩方式也引起了诸多争议。

当然，人们争论最多的问题之一，其核心人物是英国非常著名的助产士——丹尼斯·沃尔什博士（Dr Denis Walsh），他恰好是个男人。

丹尼斯·沃尔什博士认为，女性应该忍受生产之痛，因为使用止痛药物，包括硬膜外注射，不仅会存在严重的医疗风险，也会减少分娩的仪式感，破坏母亲和孩子的联结关系。

这个说法可非同寻常，它激起了人们广泛的愤怒，当然也有一些人表示支持。

认为许多女性未经历分娩之痛是因为医院的产科工作人员在痛苦来临前就进行了硬膜外注射，这是一回事；而声称经历分娩之痛是一件有目的、有意义的事情，可以帮助妈妈更好地尽到养育新生宝宝的责任，这又是另一回事。

这就类似于说，在不打麻药的情况下，对你进行截肢是一个明智的举动，因为这样可以让你更好地适应以后一只脚的生活一样。

有一点是无可争辩的，从世界范围来看，在分娩时利用硬膜外注射进行疼痛治疗的案例呈螺旋式上升趋势。尽管对于这一程序，许多国家的统计数据出奇的简略。美国于 2008 年进行的一项完备的调查表明，61% 自然分娩的女性接受了硬膜或脊椎注射。据估计，有的国家这一比例可能达到了 80%。还有调查显示，澳大利亚 1/3 的妈妈接受了硬膜或脊椎注射，英国为 1/4，而在欧洲的一些热门地区，这一数字上升到了 98%。

在美国，尽管硬膜外注射是女性分娩时采用的最普遍的止痛医疗方式，然而，一氧化二氮（Nitrous oxide，一种无色无味气体。——编者注），也就是所谓的"笑气"，在其他地方的应用也非常广泛。英国在分娩中使用笑气的女性占到了 60%，澳大利亚为 50%，芬兰和加拿大也都在 50% 左右。

虽然自 1881 年起，"笑气"已经投入使用；自 1934 年起，允许个人保管。

但是，它只能转移准妈妈的注意力，起不到止痛的作用，因此它从未进入美国的大门。

当然，对于世界上的许多国家，讨论哪种方式最安全、哪种方式最好是没有意义的，因为他们并没有止痛医疗。

长期以来，历史上遗留下了许多对付分娩之痛的方式。比如说，危地马拉的女性相信，把紫色洋葱放在啤酒中煮开，饮用后可以加速分娩。而在摩洛哥，助产士会用橄榄油按摩腹部和外阴来辅助分娩。

但是，有一件事情却可以超过即将临盆带来的焦虑，那便是经济压力。作为现代职业女性，除了要自己赚钱养活自己，还要养活即将出生的宝宝。

产假和育婴假

对于世界上成千上万的现代女性来说，在怀孕的整个过程中，有一个非常实际的问题一直如同阴云般笼罩着她们，这便是生育补助问题。

所在的地方不同，所受的金钱补助也迥异。有的可以算得上是一种巨大的抚慰，有的则会带来断肠般的焦虑，而在一些地方，根本不存在生育补助这个东西。

事实可能并非你想象的那样，其实各个国家为生育或领养孩子提供的补助各不相同。下面的这个问题就可以证明。

美国与巴布亚新几内亚、斯威士兰、利比亚和莱索托这四个国家有什么共同点？

你也许会回答说："从表面上看，没有什么区别。"这个观点勉强可以接受，但是也许你应该再好好想想。

美利坚合众国，世界上最富有的国家，与世界上最贫困的国家一起，面临的是民众请求公司为初为人母的女性提供带薪产假。

但是在世界其他 178 个国家，虽然提供给这些妈妈们的资助或多或少，但带薪产假是有保证的。这些妈妈需要通过工作来养活自己，而且她们的数量也越来越多。根据国际劳工组织（International Labour Organization，简称 ILO。是一个以国际劳工标准处理有关劳工问题的联合国专门机构。——编者注）的研究报告《劳工生育保障》，在上述大部分国家里，休产假的女性能够拿到平时薪水的 75%~100%。

但是，对于大多数美国人来说，拥有孩子也意味着生活水平的下降。经济收入的降低使得许多美国夫妇承受着拥有孩子带来的经济影响，他们只能用信用卡购买必需品，螺旋式债务就开始了。

在美国，也有一些大型的公司比较例外。许多硅谷的大型公司注意到，大批有才能的女员工因为公司缺少有吸引力的生育政策而离职，他们正在针对这种情况做出调整。

比如，谷歌将产假计划从三个月扩展到了五个月，并且改变了薪酬政策，向休产假的女性支付全薪。他们还会付给员工 500 美元作为购买外带食物的费用，帮她们度过最初难熬的日子。结果，离职女性的数量减少了一半。

但是，世界上有许多地方会为生育的女性提供最好的福利待遇，即便是谷歌提升后的产假计划也会相形见绌。

在这方面，斯堪的纳维亚诸国名列前茅，实际上，在本书的探索之旅中，这一现象你会经常看到。例如，瑞典提供 480 天的超长产假，并且支付 80% 的平均工资；挪威提供 42~52 周的产假，支付全薪；丹麦则提供一年的产假，并支付全薪。

在这方面，不是只有斯堪的纳维亚诸国名列前茅，东欧做得也很不错，比如克罗地亚、塞尔维亚、波斯尼亚和黑塞哥维那都提供一年的产假，并支付全薪。

即便是阿尔巴尼亚，虽然它一度被视为世界上最缺乏进取心的国家之一，也为女性提供 52 周的产假，并且支付 80% 的薪水。

但是产假并非仅仅与妈妈有关。研究发现，产假的长度和质量对于孩子的一生有着重要的影响。

救助儿童会（Save the Children）的一份报告指出，提供产假的国家，孩子接受母乳喂养的时间比较长，平均寿命也比其他国家长。

所以现在我们明白，妈妈陪伴新生宝宝的时间从经济角度上来讲非常重要，这取决于你身处何地，而且这对于孩子的发育也至关重要。但是，跟父亲有没有关系呢？说到为爸爸提供福利，让他们可以陪在新生宝宝的身边，哪些国家做得最好呢？

2015 年 4 月，英国政府宣布，对于刚刚生完孩子的家庭，父母可以共享 12 个月的育婴假。这称得上是——至少宣布这条法案的政治家是这么说的——进取性公共政策制定中的开创之举。

这确实是开创之举，至少对英国来说是如此。

瑞典——没错，又是它们——在 1974 年就颁布了类似的法律。

1974!

可以说英国的这项政策有前瞻性思维，也可以说完全惹人恼怒。这项政策跟挪威和冰岛的政策类似，采用的是"父亲配额"的概念。然而，在英国，由夫妻双方来决定他们如何分配自己的休假时间，斯堪的纳维亚诸国专门为父亲们预留了育婴假，采用的是"利用它或是浪费掉"的模式，来吸引男性待在家里，让女性返回职场。

虽然具体的管理方式各有不同，共享育婴假或者男性带薪育婴假如今已经加入许多欧洲国家的法律中。在这方面，德国也许是最慷慨的国家之一，新生父母可以享受 14 个月的育婴假，并获得 65% 的薪水。而西班牙，除了为父亲提供 4 周的带薪育婴假，还为父母提供了 300 周的共享育婴假，直到孩子长到 3 岁。

但是世界上的其他国家，对于父亲来说，是一幅完全不同的画面。

对于初为人母的妈妈们来说，美国也是一个艰难度日的地方。在美国，女性是可以休产假的，但是对于男性来说，就颇为不公了。因为美国的父母没有带薪育婴假，夫妻最多可以共享 12 周的无薪育婴假。

在非洲，许多父亲根本没有育婴假，但是也有例外。比如在肯尼亚，父亲有两周的带薪育婴假；在喀麦隆、乍得、加蓬和科特迪瓦，父亲有 10 天的带薪育婴假。而在南非，父亲只有三天的假期，来守在自己的宝贝身边，帮助他们的伴侣从分娩中恢复过来。

在澳大利亚呢？好消息是父母可以共享足足 52 周的长假，坏消息是这是无薪休假。

此外，10 年前有一项非常令人震惊的调查。调查发现，父亲和新生儿之间的早期互动与孩子以后的心理健康有着直接的关系。

伦敦的一名心理学家经过 14 年的研究发现，青少年的心理健康问题，包括建立友谊等问题，都可以归结为其在生命初期缺乏父亲的专心陪伴。

分娩：关于分娩的世界史

从残酷的历史到现代医学临床表现，世界各地的妈妈们在哪儿、以何种方式、由谁陪伴生孩子？

作为人类生存繁衍的基础，生育有着复杂的历史，无论你出生在地球的哪个地方。

从平均数据来看，世界上的产妇和婴儿的死亡率总体呈下降趋势，但是依然存在许多问题。从数据上看，全球范围内分娩的女性总体上看来是安全的，但是关于宝宝如何从妈妈的肚子里面来到世上，不同的地区和文化依然有非常大的不同。

从西方及一些国家大多数采用的完全医疗化的分娩，到如今许多国家依然在沿用的古代生育传统，生育依然是一个充满争议的复杂话题。人类作为一个生物种群，在这方面充满了分歧。

让我们从头说起……

近二三十万年来，几乎在任何一个地点、以任何一种形势、在任何一个时刻都见证过婴儿的降生：田野、监狱、马厩、飞机、市场——只要有人存在的地方，就有一个个小人儿出生。竟然还有婴儿降生在"五月花号"（Mayflower，英国清教徒去北美殖民地所乘之船的名字。——译者注）上，他自然也就有了俄刻阿诺斯（Oceanus，希腊神话中的海洋之神。——译者注）这个名字。

与其他领域的情况大抵相似，在生育方面，古印度人也许又开创了一项纪录，我们可以称其为生育惯例或生育仪式。印度妈妈们的分娩往往会在相对比较凉爽的屋顶，或者其他用以对抗酷热的地方，还会在里面放上床垫、头枕、席子、垫子和凳子。

分娩过程中，只有女性帮手在场，而不是医生。从总体上讲，诸多世纪以来，几乎世界上的所有地方都保留着这种习俗，直到近些年才有所改变。

关于生育，古埃及人还有一个习俗，这个习俗一直持续到几百年之前，就是女性分娩时要跪着或跪坐在脚踝上，或者坐在分娩凳上。我们知道，在埃及象形文字中，"生育"一词看起来像是一个女人蹲坐着，而不是躺着，这样坐的原因是试着违抗重力原理把孩子向上推出来。

稍后我们会讨论路易十四是否在这个转变中起到了作用。

就在这一时期，另一项创新开始出现并逐渐流行起来，因为很多人认为它有助于生育，那就是肚皮舞。女性通过跳肚皮舞来纪念生命之主——母神，也可以通过这种方式来锻炼关键部位的肌肉。分娩时女性会蹲下，通过摇晃腹部的肌肉用力产出胎儿，因为跳舞时肚皮的收缩动作会加强腹部力量。直到今天，依然有许多人建议在分娩前和分娩时跳肚皮舞，他们认为，跳肚皮舞有助于分娩。

分娩凳、肚皮舞和有用的象形文字——埃及人的生育文化让许多文明自愧不如。他们的文化远远领先于他们的时代，事实上，他们的文明中有这样一段送给全世界孩子们的话：

"报答你的母亲，感恩她对你的照顾。她需要多少面包就给她多少，像她孕育你时那样搀扶她，因为对她来说，你曾经是一个沉重的负担。当你终于呱呱坠地，她依然把你扛在肩上。三年来，她给你哺乳、清洗身体。"

现在你是不是觉得，母亲节送给妈妈的茶壶保温套太过普通了？

话虽如此，在孕妇产后想要把胎盘引诱出来时，她们只能唱："快下来，胎盘，快下来！我是念咒的荷鲁斯（荷鲁斯，古代埃及神话中法老的守护神，是王权的象征，也是一位战神。——译者注），只为了让这刚刚出生的女婴好起来，就像她已经生下来一样。"

但是效果可并不一定会理想。

再往前数几千年，希腊人的生育方式又是如何呢？

总体来说，分娩依然主要是女性进行陪护，但是还有部分男性医师，他们经过了希波克拉底（古希腊伯里克利时代的医师，被西方尊为"医学之父"，西方医学奠基人。——编者注）医学方式的训练。那时候希波克拉底医学派刚刚发展起来，他们主要依靠仔细地观察、推断和记录进行诊断。

索兰纳斯（Soranus），公元1世纪妇科方面的著名作家。他列举出了一系列分娩前需要准备的东西，这些东西至今仍然适用。这体现了对产妇周到的护理，而不是仅仅从医学角度出发。对于这个问题，我们经常能够听到现代的妈妈们抱怨：

一般来说，分娩前必须准备的东西有：橄榄油，温水，暖水袋，软海绵，羊毛被，绷带，枕头，用来闻的东西，产婆用的凳子或椅子，两张床，一个房间。橄榄油是用来润滑的油；准备温开水以备清洗孕妇的身体；暖水袋用于缓解疼痛；海绵用来擦东西；羊毛被用来给产妇遮挡或温暖身体；绷带是用来捆扎婴儿的襁褓；枕头放在产妇旁边，用来放出生后的婴儿；用来闻的东西（比如薄荷油、土块、大麦粒，还有苹果和柑橘，根据不同的季节，还会有柠檬、香瓜、黄瓜以及其他类似的东西），用来帮助产妇恢复精神。

让地球上的每个产妇都能用上柑橘和超软海绵的运动，就源于此。

希腊人也不再通过歌唱将产妇体内的胎盘引诱出来，他们开始利用平衡力将胎盘用力拉出了。虽然那时候已经有了草本止痛药，但是只在难产时使用，而分娩之痛被视为好事，被认为是产妇的必经之路，她们只能默默忍受而不能逃避。直到现在，这种观点依然有许多支持者。

分娩时，产妇蹲伏在分娩凳上，一个产婆会为她按摩腹部，另一个产婆会在下边等着接孩子——数世纪以来，这个重要的位置都被产婆占据着。当医学界，特别是男人进入这个领域后，找到了一种改变分娩姿势的方法后，他们再也不用清理脏乱的地面了。

我可能会问，对于生育，罗马人又做了哪些贡献？

事实上，并没有很多，因为他们经常依赖有医学专长的希腊人。索兰纳斯这位写了许多妇科方面的建议的儿科先驱，后来搬到了罗马，成了这座城市里最好的妇产科医生。

在许多传说中，有这样一种说法，"剖腹产"（Caesarean）一词源自凯撒大帝（Julius Caesar），因为人们认为这个伟大的男人就是通过这种方式诞生的。更可信的说法是它由拉丁语中的"切割"（Caedere）一词发展而来，但是这种说法远不及历史传说有趣，所以我们就装作什么都没听到，继续往下说。

但是有一点非常确定，那时候的罗马人已经开始使用剖腹产来拯救濒临死亡甚至已经死亡的女性腹中的孩子，更有甚者，在古罗马犹太社区有人在健康的母亲身上实施剖腹产——鉴于那时候的知识和设备水平，这真是令人惊叹——好在没有因此而导致有人丧生。

总而言之，这一阶段，生育正在往正确的方向发展，罗马人已经学会利用希腊人研究出来的知识，并且已经知道污垢是玷污和传染的一大杀手。

之后，到了14世纪，生育开始朝着错误的方向发展，具体要看你身在哪个国家了。

随着罗马帝国一分为二，西罗马帝国一度遭受日耳曼人的侵略，众多的知识，包括希腊、罗马的大多数医学和手术技能，都被遗忘、流失和否定。

然而，在东罗马帝国，穆斯林学者们穿上了医学的斗篷。19世纪时，侯奈因·伊本·伊斯哈格（Hunayn ibn Ishaq）将他能够找到的所有希腊医学书籍都带到了巴格达，并将其翻译成了阿拉伯语。穆斯林医学由此繁荣了几个世纪，建立了许多医院，取得了很大的发展。

但是到了中世纪，在欧洲大多数地方，分娩成了一种令人惧怕的灾难。因此，即将分娩的女性被鼓励在分娩前去坦陈自己的罪恶。而产婆们，作为唯一的非专业人员，她们拥有了颇受人质疑的特权，那就是为新生儿洗礼，因此她们见证了许多场悲剧。据估计，在欧洲黑暗时代的最黑暗时期，

1/3 的成年女性死于分娩。

虽然从医学、文化和地理上讲,东、西罗马帝国处于分裂状态,但是,生育方面的核心方法都是相同的。产妇依然在家中分娩,由当地的产婆和女性朋友们看护,不允许男性靠近,当然也包括医生。

然而,不允许医生参与女性分娩的过程,也许是件好事。19 世纪以前统治西方医学的理论,主要基于这样一个观念:身体含有四种液体。这四种液体分别是黑胆汁、黄胆汁、黏液、血液。想要保持身体健康,这四种液体必须达到完美的平衡。要达到这种平衡,就需要放血和灌肠。放血主要借助水蛭来实现,而灌肠主要利用的是用油润光滑的管子,并将其一端系在猪的膀胱上。

这四种液体也与四个季节联系了起来:黏液——冬季,血液——春季,黄胆汁——夏季,黑胆汁——秋季。

你看,真的有记录!

在这种可怕的庸医医术居于统治地位的情况下,分娩没有被列入医学的范畴,真是一种遗憾,虽然只算得上是小小的遗憾。

中世纪产婆的主要工作就是利用手边的工具来辅助产妇分娩。这些工具主要包括发出恶臭的药膏、草本药膏和奇怪的魔法宝石。

婴儿出生后,产婆会给孩子洗澡,用盐擦洗他们的全身,把蜂蜜放在他们细小的牙龈上来刺激他们的食欲。然后婴儿会被包入襁褓中,看起来就像腌渍好的大块牛肉。接下来,产妇会在屋子里继续躺上一个月,也就是坐月子,这期间只有产婆和她的女性朋友才能进去看她、照顾她。这也许是中世纪唯一的分娩惯例,也是现代女性所向往的。数百年后,坐月子这种惯例在世界各地依然盛行。

尤里卡乌斯·罗斯林（Eucharius Rösslin）对于推动这个停滞时代的结束、促进罗马帝国衰亡后遗失的知识和案例的整合起到了重要作用。尤里卡乌斯·罗斯林是一名德国医生，他于1513年写下的《玫瑰花园》（The Rose Garden）一书，迅速成为产婆们参考的优秀医学书。在细微观察的基础上，他充分借鉴了古代先贤们的智慧——尤其是我们的古希腊朋友索兰纳斯的医学成果——开始在生育方面掀起了变革。但在此之前，他对产婆进行了猛烈的抨击，在他看来，产婆是没受过良好教育、冒牌粗劣的江湖骗子，她们"疏忽、怠慢……毁掉了各个地方的孩子"。

这确实不是五星级评价，这时候分娩过程已逐步医学化，虽然这种医学化还处在初级阶段，但是它奠定了现代生育医学发展的道路。

有两个主要的变化塑造了我们的"现代"生育医学，而在过去的一个世纪，世界上成千上万的女性受其影响。首先，虽然旧时代产婆的角色并没消失，但是，说好听点儿，她们与（依然是）男性占主导地位的妇产医学的关系并不融洽；说难听点儿，就是她们在产房中已经下降到第二等的地位了。

第二个变化更加意义深远，主要涉及分娩的地点和方式。

在家中采用蹲姿分娩的方式已经被取代，成千上万的女性开始在医院中采用平躺、腿放在镫型器具中的姿势分娩。

为什么这些变化来得如此之快？盛行了数百年甚至上千年的习俗和惯例如何迅速被颠覆？

前面我们已经了解到，数百年来，参与女性分娩过程的特权一直掌握在产婆和产妇的女性朋友手中。至少在古代英文中，这些陪产之人被称为"God Sibs"，意思是"上帝的兄弟姐妹"。然而，随着时代的发展，特别是医学的进步，男性普遍开始不满意于女性独掌一面的局面，于是"God Sibs"开始有了消极的含义。后来，它的意思又有了改变，用来指一群嘴巴不严的女人。所以"八卦"（Gossip）一词就此诞生了。

分娩的医学化，是由罗斯林等男性医生发起的。到了 17 世纪的法国，随着妇科手术的出现，医学进一步深化，这一次弗朗索瓦·莫里索（François Mauriceau）走在了最前面。

他于 1668 年出版的《身为母亲的女性易患的疾病》（*The Diseases of Women with Child*）几乎独立支撑起了产科学，使其作为一门独特的医疗专业，并被翻译成了多种语言。

男性医生很快就参与到一直以来都是女性专权的分娩过程中，并且还带来了一系列真正开创性的、对于挽救生命有重要意义的进步。莫里索也推动了另一项改变，它如野火般迅速蔓延开来，直到现在才开始受到挑战，这就是水平分娩姿势。

数百年来，女性在分娩时可以来回走动、蹲下、屈膝，以找到最能帮助她们把孩子从体内推出来的姿势。

在整个人类生育史上，最臭名昭著的故事是关于法国国王路易十四的传说。为了能更好地观察自己的孩子是如何出生的，这位好事的君主命令医生让产妇躺着进行分娩。

当然，很难确定这个传说的真实性。但有一点是肯定的，莫里索在路易十四的法庭中占据着重要的位置。据说他提倡女性以躺姿分娩的方式，为的是产科医生有更好的视角，更容易接触到生产部位。因为，很明显，他们是屋里最重要的人！

但是评论家指出，分娩时这种姿势会使得子宫和婴儿对主要的血管和坐骨神经造成压迫。与垂直姿势相比，这种姿势还会减少盆骨的扩张，差距最大时能达到 1/3。

他们还提到，这种姿势是让分娩的母亲抵抗而不是利用重力。而事实上，这种姿势对于医生而不是病人更有利。

虽然 20 世纪总体的分娩成功率不断上升，但是在核心问题上，依然存在正反两个方面。当我们审视今天各个地区不同的分娩方式时，我们应该注意到的一点是，虽然在许多发达国家，有许多争议认为分娩医学走得太远了，虽然它确实带来了不少益处，但在这种背景下，每年世界上仍然有一百万新生儿在出生后 24 小时内夭折。

这使得生命中的第一天成了新生儿一生中最危险的一天。

分娩的现状

在了解世界各地的分娩现状之前，有一个问题我们需要了解，而且得好好探究一下。

今天，明天，甚至纵观整个人类历史，分娩对于人类而言都是一种恐怖的、独一无二的痛苦经历。

"独一无二"这个词并非随便说说的，因为几千年来，人类中的女性同胞一直因为头盆不称而深受其苦。头盆不称有着非常简单而深刻的含义，即婴儿的头部太大或产妇骨盆过窄，分娩时无法顺利通过产道。

不妨翻一翻达尔文先生的著作。

然而，说到生育，在我们的灵长类近亲中，没有一种生物骨盆均衡。倭黑猩猩、长臂猿、厚脸皮的黑猩猩都跟人类不同。这意味着，我们的近亲几分钟就可以把它们的孩子推出体内，而人类却要经历一小时又一小时的痛苦。

原因为何？

首先，有一个又大又宽的骨盆也许有利于婴儿的出生，但是如果你是地面上最聪明的灵长类，并且要靠两只脚走路，这可就不妙了。直立行走，或者说用两足运动，在我们的进化阶梯上是巨大的一步，但是人类也为此付出了实实在在的代价——一系列折中的产物，比如脚酸背痛，数百万年后，人类以其非凡的适应力成为两足动物后，我们中的大多数人依然不时遭受这些病痛的困扰。

但是，这种激烈的变革对于盆骨的影响可谓是一代代的自然选择中人类身体结构上最大的变革。它的形状基本上都已经改变，这意味着要想让宝宝通过它更加困难了。特别是 200 万年前，婴儿脑袋迅速变大。原来想要在小屋、分娩池、分娩凳上生产的母亲们发现，想要把过大的婴儿从过于小的洞中推出来，要遭受巨大的疼痛，而且还常常伴有致命的并发症。

因此分娩对于当今世界的女性来说，依然是一种折磨。同样，对于分娩有如此多的习惯、技术和文化习性，也就不足为怪了。为婴儿接生依然是一项意义重大的责任，每天都会有 800 名女性因此而丧生，其中 99%

的死亡案例发生在发展中国家。

虽然，这个数字依然惊人，它却实实在在地代表了一种进步——产妇死亡率每年正以 1.4% 的速度下降。其中一个重要的影响因素就是婴儿出生的地点和环境的改变。

在家里生，还是在医院生？

战后生育领域最大的变革莫过于分娩的默认地点由家向医院的加速转变。

整个 20 世纪，这一趋势处于不断发展的状态。但是直到最近的 25 年左右，世界上的绝大多数地方才基本实现了分娩地点由家到医院的转变。

英国逐渐将分娩医学化、制度化的先例，为后来的许多国家所效仿。

18 世纪中期，当孕妇采用卧姿进行分娩的医院开始在英国建立起来时，男士助产学就开始创立了。据统计，英国一两代人中大部分的婴儿都是由医学从业者接生的。一场医学革命就此拉开了序幕。

起初这对于降低产妇死亡率并没有起到什么作用。从 1850 年到 20 世纪 30 年代中期，产妇在分娩时依然面临着一样的风险。1936~1937 年引入的抗菌药物，对于防止产褥热，即女性分娩或流产时引发的细菌感染，有很好的效果。因此这一时期产妇死亡率呈大幅度下降趋势。

这一时期，分娩地点由家向医院转变的势头得到了加强。1954 年时，64% 的婴儿是在医院出生的，到 1972 年时，这一比例已经达到 91%。从 1975 年起，在英国，这一比例从未跌破 95%。从这些数据中，我们并未发现快速显著变化的标志，虽然在家中分娩有复兴的趋势。此外，国际健康和护理优化研究所（the National Institute for Health and Care）最近表示，为避免过度干预带来的风险，只有在遇到疑难病例时，才允许许多医生进入产房。

其他的发达国家也大抵如此。在美国，1938年，女性在家中分娩的比例为50%，今天这一比例已经下降为不到1%。而在日本，1950年女性在家中分娩的比例是95%，而1975年这一比例就下降到了1.2%，这一过程仅用了25年。

在世界上的许多其他地方，虽然变革的模式不尽相同，但总体来看，方向都是一致的。

以中国为例，如今几乎所有产妇都会选择在医院进行分娩，除了穷困家庭或是特别偏远地区的产妇。但是，根据人们社会地位的不同，人们在医院分娩的体验也会迥异，当然，在西方也是如此。城市中富有的中国女性能够在豪华的私人医院中分娩，而新兴的中产阶级一般在公立医院分娩，而且她们不能自己选择医生，也需要与其他产妇共用一个产房。

在欧洲，比如德国、法国、比利时，还有我们经常会提到的斯堪的纳维亚诸国，多年前在家中诞生的婴儿的比例就已经下降到不到2%。

但是，有一个国家却逆潮流而行，而且几乎独一无二，这个国家就是荷兰。

荷兰有20%的产妇在家中分娩，并且每一个产妇旁边都会有一个助产士，这个比例在西方世界是最高的，与其他国家有着相当大的差距。近期对于荷兰的一项调查结果显示，患严重并发症的风险，在家中分娩的为

1:1000，而在医院分娩的为 2.3:1000。（助产士不能进行止痛治疗。事实上，即便是在荷兰的医院中，只有麻醉师空闲时，产妇才有可能享受止痛治疗。这要根据麻醉师的时间而不是产妇的分娩情况。直到最近，荷兰人称这种现象为 9–5 硬膜外注射。）

说到荷兰，还有一件非常有趣的事情。经济合作与发展组织（OECD）对分娩医疗指标中最有指示性的指标，也就是平均每 100 例分娩中剖腹产的数量进行了统计。结果显示，在所有的发达国家和发展中国家，荷兰剖腹产分娩的比例是最低的，只占到 14.3%。

你认为世界上剖腹产分娩所占比例最高的四个国家是哪几个呢？

如果你的回答是墨西哥、土耳其、中国和巴西，那么恭喜你！不过，我可不会相信你！

在世界经济新秩序中，这四大强国的剖腹产分娩非常普遍。特别是巴西，这一数字非常惊人，有 50% 的婴儿是通过剖腹产手术接生的，那些有医疗保险的人群，这一比例已经超过了 80%。

对于荷兰人来说，虽然在家中自然分娩仍然很不错，但是从世界范围看，它依然属于个例。在西方国家中，虽然呼吁回归家中分娩、远离临床方式的运动越来越受欢迎，但是很多女性最后还是会选择在医院产床上而不是在自己的家中分娩，因此这一数字总是很难改变。

很多人倾向于谴责这种情况，说它是世界变得疯癫、科学归于沉寂的实例，但是这其实是将一个复杂的社会政治问题过分简单化了，这样一来可能就忽视了世界上成千上万的女性所面临的残酷现实。

在医院分娩，有准备完善的产房、训练有素的助产士、完备的现代医疗设备，往往可由紧急救护车快速送到，这与在家中分娩而无人悉心照顾是截然不同的。

在去坦桑尼亚时，我去了达累斯萨拉姆（Dar es Salaam）海岸边的一个地区，这个地区坐落在广阔的三角洲之上，到处都是红树林沼泽。对他们来说，要接受医疗救助就必须穿越河口。对于大多数人来说，这意味着要乘坐五个小时的小木舟穿越河口去寻求帮助。如果你挺着大肚子，还忍受着并发症带来的痛苦，但是你只能涉水而过，或者抄近路穿过海峡的矮树林去寻求医疗救助。

这些几乎难以想象的骇人的状况导致了每天有 800 人在怀孕或分娩时死于可预防性疾病，其中 99% 的案例发生在那些分娩还未医疗化、还未转向医院的发展中国家，发生在那些远不到平均发展水平的国家。失控的局面、对产妇缺少同情以及一些传统的价值观念，这些都是是家中分娩或自然分娩所带来的。

这些现象从原始数据方面来看收效甚微，但是它对于部分国家妇产医院中临床分娩的方式有着重要的影响。这些国家的妇产医院中有以助产士为主导的团体，这在英国甚至中国都已经成了一种普遍现象。这些医院在 40 年来西方过于严格的医疗化和代代相传的女性为主导的惯例中间找到了一种折中的方案。

撇开这个不说，救助儿童会 2013 年发布的《世界母亲状态报告》（State of the World's Mothers report）列出了世界上母亲境遇最差的 10 个国家，这 10 个国家都位于撒哈拉以南的非洲。另外，母亲境遇最好的 10 个国家也是分娩普遍实现医疗化的国家。

在家中还是医院分娩的争论，是一个引人深思的复杂化全球问题。

分娩的神话和咒语

胎盘

由家中分娩向医院分娩的转变将一些陈旧、废弃的传统抛在了脑后，因为产妇和婴儿被对待的方式也截然不同。

现代化虽然也有属于它自身的一些独特惯例，但总体来看，新生命的到来会激起一连串神圣、长存的信仰和惯例，这主要取决于你所在的地方和文化。

分娩后，在考虑你的宝贝之前，还有胎盘需要处理，这跟你在地球上的哪个地方可没关系。

对于我这种没经过训练和教育的人来说，胎盘不过是一个像外国人吹的风笛内部包着的东西，一团血糊糊、一层包裹着一层的膜，我很欣慰能有医疗人员用恰当、卫生的方式处理它。

至于脐带嘛，用手术剪将其剪断（不会有人警告你它有多么坚韧，多么像软骨）。从此，再见到香肠时，我心中有了截然不同的感觉。

事实证明，涉及这些事时，我完全就是个俗人。

在许多文化中，不仅婴儿的降生是一件神圣的事情，剩下的东西也同样神圣。草草地将其丢入垃圾桶就等于是乞求厄运降临在新生儿及其母亲身上。

在柬埔寨，妈妈的胎盘会用香蕉叶悉心包起来，在新生儿的身边放上三天，这样婴儿才能慢慢适应与妈妈分离的状态，之后胎盘才会被埋掉。然而，印度的古老传统是将脐带轻柔地盘在婴儿的脖子上。

在传统的日本家庭中，脐带会放在一个叫作"寿箱（Kotobuki Bako）"的漂亮盒子里。将脐带洗净后，放在里面作为纪念品，据说这样可以使母亲和孩子之间的关系更加融洽。

这还不算完。许多日本人还保存着他们婴儿时期从身上掉下来的脐带。如果他们没有，应该会在他们的母亲那里。日文中将这段脐带称为"heso-no-o"，意思是"肚子上的尾巴"。人们对它非常敬畏，将其视为母亲和孩子之间重要的联结。

真是可爱，虽然我们讨论的是一块有几十年历史的死肉而已。

虽然英国用医学方式来处理分娩后的产物，然而有一段时期，流行用胎盘做肉酱来庆祝新生命的到来。

英国的一个电视节目甚至拍摄了一个庆生派对上，人们准备和食用胎盘的过程。胎盘加上青葱、大蒜一起煎炸，然后在上面浇上烧酒后点燃，制成肉酱，搭配佛卡夏面包一起吃。

虽然孩子的爸爸有 17 个助手，但他们却一点儿也热情不起来。而最缺乏热情的是电视主管部门，他们谴责这档节目在许多方面多有冒犯，除了味道。

坐月子

除掉胞衣后，分娩的过程就结束了。不过现在似乎还会有个主题仪式，事实上许多国家的文化都是如此，只是在细节上有所不同。

例如，在印度，大多数女性在分娩后会遵照传统惯例，度过 40 天的静休和恢复期。在印地语中，人们称其为"Jaappa"。她们会采用特定的食谱来促进乳汁的形成。这一期间禁止性生活，每天都会有人来为她们按摩以促进身体恢复。

这些听起来很不错，但是现代人群面临着不断增加的工作压力，再加上由于搬离家乡而缺少家庭支持，使得这些古老传统受到了威胁。

中国、韩国和越南也有类似的传统。"坐月子"时，女性可能 30 天都不能洗澡，可能是因为污染的水源曾经是潜在的致命威胁。

尽管现在只有很少的女性还遵从这样的传统，但是大多数女性在分娩后的第一个月还是会待在室内休息。她们通常由家人照顾，家人们为其做饭、洗衣服，这期间尽量不让产妇做体力方面的劳动。她们一天要吃五顿热乎乎的饭食，包括有营养的鸡汤和其他美味佳肴。因为人们相信这些膳食可以促进乳汁分泌，帮助产妇恢复健康。

近几年，在有一定经济实力的家庭中，一种新型模式开始出现了。许多家庭开始雇佣月嫂，即一种有资质的育婴女佣，她们也负责晚上给宝宝喂食。甚至还有专门的产妇酒店，如果你家人没时间照顾你，那么产后你可以在里面住上一个月。除此之外，还有特殊的餐饮公司，可以将一日三餐送到产妇手中。

日本的情况也大致相同。产妇在床上陪着婴儿躺上 21 天是日本的文化传统。这段时期经常会有朋友来拜访，看看刚出生的宝宝，然后大家一起吃红豆饭来庆祝宝宝的降生。

产妇和孩子一回到家，来拜访的人便络绎不绝。他们会送给孩子礼物，也会收到回礼。习惯上，回给客人的礼物一般都比较小，比如一瓶香水或一盒糖果，表达孩子对于来访的客人和家人的感谢。

那么哪个国家最体贴周到呢？

希腊也有产妇在家休息 40 天的传统，希腊人称其为"Sarantisma"。在最后的几天，孩子会被带到教堂，并被送上特殊的祝福，从而为这段独处的时间画上句号。在拉丁美洲，也有一段极其相似的 40 天的产后恢复期，当地人称其为"Lacuarentena"，意思是"隔离期"。

不过，实际情况比这个词听上去要好多了。

产妇的主要任务就是休息，凡事都由家中的其他女性帮助，吃的则是有益于健康的家常便饭。此外，人们认为产妇的身体非常脆弱，所以她必须用衣服盖住头和脖子，并且用一种叫作"Faja"的布包住腹部。

这种卧床休息的传统究竟为何在世界上各个地方流传了这么多年？对此有许多的理论依据。例如，为婴儿脆弱的免疫系统功能的增强提供时间，为母乳喂养的技巧和习惯的养成提供时间和场所，都是潜在的原因。

在拉丁美洲，研究者甚至指出这起源于圣经《旧约全书》中的《利未记》，其中规定，产妇在生完男孩后要用 40 天来涤罪，而生完女孩子后，要用两倍的时间来涤罪。

无论这种在多个国家普遍存在的惯例究竟起源于何处，但是北欧和北美的大多数国家的新妈妈们很久以前就失去了享受产后分娩福利的机会。而最能够享受此待遇的是在生育方面一向有异于他国的荷兰。作为人类在家中分娩的最后一处避难所，荷兰的妈妈们享受着国家提供的产后护理，这是地球上其他地方的妈妈们梦寐以求的。

不管是在家还是在医院分娩，荷兰的所有女性都能够享受产后医疗服务，当地人称其为"Kraamzorg"。连续八天，职业的助产士会上门照看妈妈和婴儿。

护士会给妈妈们演示如何照顾婴儿，如何为她们洗澡，最重要的是，帮助妈妈们度过给婴儿喂母乳的困难而痛苦的第一天。不仅如此，如果家里还有其他的孩子，护士也会帮忙照看，确保一日三餐正常。她们也可能会帮着洗衣服或者做其他简单的家务活。

芬兰的婴儿箱

再往东北一点儿，是芬兰。如何为新手父母提供帮助，在这个国家又是另一番光景。其中的关键就在于一个婴儿箱。

从 20 世纪 30 年代起，不管他们的家庭背景如何，芬兰会为每一个新生儿分发生育礼品包，尽量确保每个孩子都不输在起跑线上。这个婴儿箱包含衣服、床单、尿布和玩具。而这个箱子本身又可以用作婴儿床，许多芬兰人现在依然有此习惯。

里面甚至还有为父母准备的避孕套。多么有斯堪的纳维亚的风格！

妈妈们如果不选择婴儿箱，那么可以领取现金补助，目前补助的金额是 140 欧元，但是 95% 的妈妈们会选择婴儿箱，这在整个国家成了一种习俗。在 20 世纪 30 年代的时候，芬兰还是一个非常贫困的国家，婴儿的死亡率非常高，平均 1000 个新生儿中死亡人数达到了 65 个。但是在接下来的 10 年中，这一情况得到了迅速的改善，其中部分要归功于婴儿箱。

这只充满智慧、实用性强的小箱子（最初是芬兰呈献给剑桥公爵和夫人的官方礼物，来庆祝其儿子乔治的诞生）如今经久不衰，原因在于无论你在地球上的哪个地方，无论你说哪一种语言，孩子出生的第一年都在挑战每个父母的极限。

无论你在哪里，都会面对同样的挑战，但是不同的文化对待挑战的方式却有很大的差异，正如下面这个故事。

○━━ **一位家长的话** ━━○

我第一次怀孕时，我们在英国。我们没有什么经验，不论是关于怀孕还是关于孩子，所以我们根本不知道怀孕和分娩是怎么回事。

怀孕的过程中我只看过一次全科医生，其他的产前检查都是由助产士完成的。并没有人给我一个清单告诉我究竟哪些食物不能吃、哪些事情不能做，他们告诉我跟平常一样生活就可以。他们鼓励我去上产前班，我记得大多数课上讲的都是分娩的过程以及会提供哪些止痛措施。而且，我们其实也没有什么好的选择。我们选择的伦敦中心医院提供笑气或硬膜外麻醉。我们可以提前租用布茨（Boots）公司生产的 TENS 设备（TENS，帮助孕妇安全生产并减缓宫缩疼痛的仪器设备。——译者注），并提前适应它，他们告诉我，这在分娩的第一阶段将很有帮助。

然而，事实并非如此。

分娩时，吸入笑气后我不断呕吐，因此要想对付我儿子42厘米的脑袋，我们唯一的选择就是硬膜外麻醉。我惊得目瞪口呆，想问麻醉师我瘫痪的风险有多大。麻醉师一再让我安心，但是不幸的是，我是那些出问题的少数人中的一个。注射完毕后，我肚脐上下两部分的感觉完全不同，一部分完全感觉不到疼痛，另一部分却疼痛无比。因为我依然能控制一部分硬膜，因此他们让我再加把劲儿。意识到我说的是实话后，他们又叫来了麻醉师，给我注射了第二针。之后，我身体腰部以下的部位没有任何感觉，必须由医生告诉我什么时候宫缩，什么时候开始用力。

上午10:01，本终于出生了。可爱的助产士为我检查完后，我就被推进全科医师的诊疗室，他们负责为我处理伤口。我们离开的时候是下午1点，不过，我是坐着轮椅离开的，因为我的双腿依然毫无知觉。

我的后两个孩子都是在德国出生的。一个在城镇医院中大型的超现代化分娩室中出生，另一个在当地的诊疗室出生，那一周我是诊疗所中的唯一一个产妇。

在德国，怀孕的整个过程都会有妇产科医生对你进行护理，之后如果你希望有助产士上门，可以自行选择，就像选择保姆一样。

我希望进行"可走动"的分娩，也就是分娩完后我想直接离开。在德国很少有产妇这么做，也许是因为医院真的非常舒适，食物也非常好吃。他们从来没跟我讨论过止痛的问题，我偶然从助产士那里得知，如果我想要接受硬膜外注射，我必须在分娩前一周去医院验血。

在我的第二个孩子要降生的时候，医院里的医生为我做完检查后，就把我留在室内为胎儿做心电图检查，当时我感觉特别不舒服。因为我必须躺着，不能乱动，我觉得这样特别不舒服。后来我吐了出来，我问他们能不能让我动一下，他们告诉我还要好几个小时，所以我必须再多待一会儿。这时候我的脾气一下子就上来了，我告诉他们那样太痛苦了，我必须要动一动。最后，护士终于相信了我，开始让我动一动。她为我做完检查后告诉我，很遗憾，我必须停止踱步，而且已经来不及采取止痛措施了。我的羊水还没破，也没问我的意见，她就刺破了我的羊水，我儿子很快就生下来了。他一声也没哭，好像已经休克了，所以医生说我不能回家。

第三次分娩也差不多，但是这一次整个诊疗所的人都围着我转。他们让我待在分娩缸里，直到最后，其实时间也不是很长，但是奇怪的是，这次还是来不及采取止痛措施了。在德国，我还没听说过除了接受剖腹产手术的孕妇外，其他孕妇采取过止痛措施。然而，话说回来，分娩后我感觉很不错，第二天我就能去上班了，跟我第一次分娩后一点儿也不一样。不过，我确实觉得在那个过程中我不是最重要的那个——大家的注意力都放在了孩子身上。

我的第四个孩子出生在纽约，这次的经历完全不同。我想主要的原因是那个时候我们有完善的健康保险，然而有些人可能没有这么幸运。在美国，也会有妇产科医生对你进行护理，但是他们的态度更为严肃认真。我依然记得我的医生告诉我，如果这一次我想要生个女孩，那么我需要早点儿咨询她，但是那时候已经有点儿晚了。她告诉我，如果想要影响胎儿性别，可以通过改变性生活方式和饮食方式来实现。

分娩的时候，医院提供了许多止痛措施。我对他们说我可以撑过去，他们让我好好想一想，因为再过一会儿麻醉师会有个手术，几个小时后才会有时间。护士不时地拿着测痛仪进来，问我以 10 分为满分的标准打分的话，我感受到的疼痛为几分。我一直说自己能够承受，但还是让她们失望了。孩子出生前，我们一直忙着把能看的电影都看一遍。

当我的女儿（我肯定是在无意识中吃对了东西）出生后，医生把她从我身边抱走，去给她做检查，这样我也能好好休息一下。我没有喂她，什么也没做。长长的几小时过后，我变得很紧张。我本来应该享受这种平静，但是我却感觉怪怪的。

最后她终于被抱回了我身边，然后他们问接下来的整个晚上，我是让她待在保育室，只在哺乳的时候把她抱回来，还是整晚都让他待在我身边。我在那儿的每个晚上，他们都会这样问我。我记得我在那里一共待了三个晚上，最美妙的时刻莫过于第二天的晚餐时光，我和丈夫一起喝着起泡沫的葡萄汁（不含酒精）。我要的龙虾，而丈夫点的是牛排，我们就像在酒店一样，感觉自己就是贵宾。在酒店里可不准你抱着你的宝宝到处跑，无论你去哪儿，宝宝必须放在轮式儿童床里。

这次经历我满心喜欢，我觉得没人会不喜欢。整个过程的设定为确保妈妈尽可能得到放松，但是花费也是不菲的，要花费 3 万美元健康保险。

凯西（Kathy）——英国，德国，美国

世间智慧——怀孕和生产

人类的孕期在各个地方都差不多相同，为40周。而法国是个例外，大约41周。

一系列国际研究已经发现，孕期如果妈妈压力过大可能会导致妊娠期缩短、早产甚至流产，还会导致孩子长大后在注意力和情绪反应方面存在问题。

为婴儿接生依然是一项意义重大的责任，每天都会有800名女性因此丧生，其中99%的死亡案例发生在发展中国家。

2015年4月，英国政府宣布刚刚有孩子的家庭，父母可以共享12个月的育婴假。这项政策被称为开创之举，但是瑞典人早在1974年就拥有了这项权利。

大多数国家在许多年前就有了带薪育婴假，仅有的几个例外的国家是巴布亚新几内亚、瑞士、莱索托、利比亚和美国。

1954年的英国，大约64%的新生儿是在医院降生的。到1972年时，这个比例已经上升到91%。从1975年起，这一比例从未跌破95%。几乎所有的发达国家都在沿袭这一模式，除了荷兰，大约有1/5的新生儿是在家里出生。

PLANET
PARENT

第三章

育儿经

在中国，为什么要在孩子满月之后才公布孩子的名字？

你是怎么哄孩子睡觉的？像欧美国家的家长那样等孩子哭喊够了自然入睡吗？

统计发现，日本人是世界上最缺乏睡眠的人群，缺乏睡眠对人体健康都有哪些影响呢？

你是怎么训练宝宝上厕所的？还是让宝宝穿纸尿裤？

第一年：全球父母如何应对生命中最重要的任务？

从为孩子取名，到怎样对宝宝最好，我们来看看世界各地的
父母是采取何种策略来确保他们的宝贝茁壮成长的。

无论你的家在哪里，无论你在什么环境中长大，无论你从老人、医生或书本——比如你手中正在看的这本——那里得到多少建议，最初为人父母的几年是你永远不会再次经历的旅程。

当产后的趣味和忙碌——无论你所在的地方是以什么样的方式呈现——逐渐平息，医生留下你和这个小家伙单独待在一起，他／她小小的，裹在温暖的襁褓中，依赖你而生存。这时候，你的旅程就真正开始了。

一个重要的事实是，这时候的你却在想着其他的东西，这是一件好事，因为有许多事情等着你去学习和适应。但是如果你为此而殚精竭虑，那么你可能要失眠了。

说到养育孩子，在我们了解世界上的人们都在做些什么之前，我们需要为孩子起一个名字，而且要快。

起名游戏

暂且把应该喂母乳还是奶粉的争论放在一边，后面我们会将它与各种食物相关的问题一起讨论。现在父母们面临的一个首要任务就是给孩子起一个名字。

父母们起名字的时间、技巧和传统是多种多样、令人着迷的。目前多数父母希望自己给孩子起的名字具备两种截然相反的特点。

首先不能太普通。同一个班里有五个同名的学生可不是一件好玩的事儿。我们都是不同的个体，我们需要属于自己的空间和身份。

第二点是不能太特殊。成为学校中唯一一个有奇怪名字的人也不是一件好玩儿的事儿。我们是社会动物，我们需要找到归属感。

然而，事情并不是总能够尽如人意。

例如，伊丽莎白时代的英国，要以孩子教父或教母的名字给孩子命名。可不是随便一个教父或者教母，要根据他们的经济和社会地位谨慎选择。目的便在于希望通过以他们的名字命名的方式来向你的教父、教母致敬，希望你能够成为他们的心肝宝贝儿。

当然，那时候没有大众媒体。这种命名方式使得人们能够选择的名字比今天要少得多，这一段时期为人们所接受的名字也要比今天少得多。在女孩的名字中，伊丽莎白、安妮、琼、玛格利特、爱丽丝、玛丽、艾格尼丝占了 65%；而在所有男孩的名字中，约翰、托马斯、威廉、理查德和罗伯特也占据了同样的比例。

所以，"五月花号"时代（the May flower，五月花号是英国一艘三桅杆轮船，在前往新大陆之前是一艘进行商业贸易（通常是葡萄酒）的货船，主要来往于英国和法国，以及挪威、德国、西班牙等其他欧洲国家之间。——编者注）的清教徒喜欢以《圣经》中人物的名字给孩子取一个或两个名字，也就不足为奇了。他们甚至会取一些正面含义的名字，比如慈善、高兴、仁慈、优雅、谨慎、希望等，其中一些名字沿用至今。然而，以同样的形式命名却没有流传下来的是那些稍微有点儿极端的例子。比如"惧怕上帝""耶稣基督来到世上拯救我们"这样的名字就没能流传下来。虽然"没价值""否认罪孽"类的名字没有流行起来依然是个谜，但是"如果耶稣不为你而死你肯定会下地狱"在未来的某一天肯定会卷土重来，出现在人名表中。

过去留下来的习俗还包括世界各地多样的命名仪式。在中国，你会被邀请去喝"满月酒"，也就是有喜蛋和姜、给孩子取名的聚会，是在孩子满月后举行的庆祝活动。在中国古时候，人们认为鸡蛋是一种美味佳肴，它代表着生育，人们将它染成红色象征着好运。等四周后再正式公布孩子的名字是非常重要的，这在中国已经形成一种习俗，越南也是如此。在这些国家，人们认为提前给孩子取名，哪怕提前一点时间，都会招来厄运，许多婴儿都不能活到一个月。因此人们觉得在没到达这个里程碑之前给孩子命名，是很鲁莽的一种行为。

于是就产生了一种有趣的现象，给孩子起假名或者"乳名"。为了让恶鬼远离孩子，在给漂亮的宝宝起名时，家长们往往会用能想到的最让人不悦的名字给孩子命名，希望这样能够使恶鬼直接挪到下一家。因此，丑、老鼠、泥脸、屎等各种不怎么可爱的名字，都会用来做孩子的假名。

度过这一阶段后，接下来就是为孩子选择真名了。中国人相信每个孩子都是独特的，都应该有一个有特色的名字。他们的字典中有成千上万的汉字，因此相比于其他国家，选一个独特的名字更容易一些。但是，即使可选择的汉字这么多，当你身处世界上人口最多的国家，依然会出现很多重名的现象，比如很多父母都喜欢给女儿取名为"美"，寓意美丽、漂亮。

中国有一个更为现代化的现象，我必须承认。我在走访过程中发现这种现象的时候，对此特别感激。越来越多的人开始在成人初期选一个西方名字。当改革开放引入了外资和外国来客时，这种趋势便迅速生根发芽。无疑，他们讨厌像我这样的人在试着纠正发音时，把他们传统的中国名字糟蹋得一塌糊涂。一些人会选用传统的外国名字，而有些人会根据字词的意思选择名字——比如，我认识的一个叫作"Oak"（Oak，在英文中指的是橡树。——译者注）的人，他的名字取的是橡树的坚强、坚定之意。

许多人在取名时也会从流行文化中寻找灵感，我在旅行时就遇到了一个叫"Rambo"（兰博，电影《第一滴血》中的男主角，由西尔维斯特·史泰龙扮演。——译者注）的中国人，还有一个叫"Hugh Grant"（休·格兰特，英国影视演员，代表作品有《莫里斯的情人》《四个婚礼一个葬礼》《BJ单身日记》《诺丁山》等。——译者注）的中国人。

中国不是唯一一个文化和语言相融合形成新的命名体制的国家。以哥斯达黎加（拉丁美洲的一个共和国。——编者注）为例，随着西班牙语和英语不断冲击着彼此，他们往往会选用一个英文名字，再根据其发音用西班牙语写出来，来创造一个西班牙文英语名字，比如 Mary 写作 Mery，Michael 写作 Maykol。

世界上的每个国家，都有一系列的命名方式。在印度的部分地区，会用孩子祖父的名字给家里出生的第一个男孩命名，用外祖父的名字给第二个男孩命名。同样，会用祖母和外祖母的名字给家里的女孩命名。印度南部，父亲的名字也经常用作孩子的姓，一时半会儿你可能很难弄清楚里面的门道。

在尼日利亚，约鲁巴人会根据孩子降生时的情况先给孩子一个"Oruko"名字。比如，如果一个男孩是在节日期间出生的，就给他取名为"Abegunde"；如果一个女孩出生在雨季，就给她取名为"Bejide"，"Bejide"的意思就是雨季。同样的，大人们还会给孩子起一个"Oriki"名字或者说"赞美的"名字。有时候是表达对孩子们的期望，比如"Titilayo"的意思是"永远幸福"；有时候也会通过名字来表达大人们的愿望，比如"Dunsimi"这个让人心酸的名字，在世界上婴儿死亡率相对较高的国家，它表达的意思是"不要死在我前面"。

许多波兰人以基督教圣徒的名字给自己的孩子命名，因此人们经常会跟庆祝自己的生日一样庆祝圣徒之日。因此我们经常会在公告牌、汽车等上面看到那一天的守护圣徒的名字。

美丽的巴厘岛的命名规则也许是世界上最为严格的。巴厘岛人要根据孩子出生的顺序给孩子取名。第一个孩子的名字可以从"Wayan""Putu""Gede""Nengah"等名字中选择一个。那么接下来，你可以给第二个孩子取名为"Made"或者"Kadek"，第三个孩子可以叫"Nyoman"或者"Komang"，而第四个孩子的名字必须是Ketut，不管你喜欢还是不喜欢。如果有第五个孩子，那么就遵从第一个孩子的取名规则，继续向下循环。

巴厘岛人的名字让人摸不着头脑的真正原因，不在于这些名字男女通用，而是他们通常只有一个名字，甚至根本没有姓氏作为参照。当然，这样一来，就产生了大量的昵称，但是要入档案，事情就变得棘手了。

除了巴厘岛，世界上许多地方的父母给孩子起的名字都是五花八门。受名人文化和大众媒体的影响，各种奇怪或绝妙的名字出现在人们的生活中。也有许多地区逐渐走向秩序化。

德国、瑞典、中国、丹麦、法国、西班牙、阿根廷和日本等都加强了对命名方式的限定。在冰岛，政府要求父母给孩子起名时要遵守特定的语法规则、符合孩子的性别，不要选择任何未来有可能让孩子陷入尴尬境地的名字。为了达到此目的，政府在官方目录中列出了 1853 个女孩名字和 1712 个男孩名字供父母挑选。如果他们想要另选，则需要得到特殊委员会的许可。

在德国，如果你想给自己的孩子取名为"奥萨马·本·拉登"，国家出于对儿童的保护会对此进行干预。然而，政府的判定也并非每次都十分明确。比如，在新西兰，"耶·底特律"（Yeah Detroit）这个名字被官方所拒绝，"第 16 号公交车亭"（Number 16 Bus Shelter）却得到了批准。在一切皆有可能的美国，有的孩子的名字是"珐琅""生菜""羊肉""邮局"，虽然他们不是来自同一个家庭。

暂且不去讨论以传统方式命名还是以名人的名字命名哪一种方式更好，为了解答这个问题，我来说一些我自身的经历。在当今 Twitter、Facebook 和微博盛行的世界中，每年一度的命名习惯排行榜上，名字依然那么重要吗？

我内心里觉得，将近不惑之年的我会稍微成熟一些。这并不是说我一向就是一个性情急躁的人，而是不知什么时候，那些在青葱岁月中让我恼火的琐事如今看起来已经没有那么重要。

也许是因为现在我要围着孩子转，已经没有精力来顾及这些了。现在见到在十字路口不打转向灯的司机，我充其量也就是耸耸肩，再也不会像以前那样据理力争了。但是在某一点上我却没有遵循同样的模式，而且随着年龄渐增，这种趋势不减反增。虽然，它仅仅只是一个小字母。

你肯定不会觉得 Wood 和 Woods（woods 是 wood 的复数，在英语中，表达两个及以上的概念用复数，一般是在单身名词后加"s"或者"es"。——译者注）的不同会成为惹人烦恼的根源，但是我却发现这个小小的"s"不可忽视。

只是一个名字，对吧？它根本无关紧要，不是吗？

事实上，越来越多的证据表明，我们的名字比我们想象中要承载更多的含义、价值和人生意义。其实名字就像古罗马的谚语中所说的"nomen est omen"，也就是"名字决定命运"。它不仅仅是人们眼前的一个代号，科学家的研究表明人们会根据名字猜想一系列领域的问题，包括所属种族、社会背景甚至学术潜力等等。

在美国进行的一项实验表明，老师跟我们一样也是凡人，他们看到一个特定的名字时，会根据脑海中的想法而不是根据人物作品的优缺点进行打分。研究人员给 80 名经验丰富的老师每人 4 篇水平相当的短文，并请他们进行打分。每一篇上面都有唯一的身份证明——学生的名字以及一个伪造的姓氏首字母。其中两个是比较传统的名字"大卫"（David）和"迈克尔"（Michael），还有两个不常见的名字"埃尔默"（Elmer）和"休伯特"（Hubert）。

在实验开始之前，研究者预测，上面标有普通、常见名字的短文会得到更高的分数。实验结果表明，他们的预测完全正确：标有"大卫"的短文所得的分数最高，标有"迈克尔"的短文得分紧跟其后，标有"埃尔默"的短文得分排名第三，标有"休伯特"的短文呢——可怜，一般人可不会叫这个名字——得分完全垫底。

为了确保实验结果的准确性，研究人员又找了80个相关领域的大学生对这些短文进行打分，结果非常有趣。从标有各种名字的短文获得的分数来看，没有什么模式可循。由此可见，老师已经形成一种固化思维，他们对那些有普通名字的学生持积极的态度，而相应地对那些有不寻常名字的学生持消极看法。

一则对德国的2000名小学教师所做的匿名调查，结果也与此类似。如果你的名字是夏洛特、苏菲、玛丽、汉娜、亚历山大、马克西米利安、西蒙、卢克或雅各布，只要你从幼儿园毕业你就能获得金星奖章了。而如果碰巧别人叫你尚塔尔、曼迪、安吉丽娜、贾斯汀、莫里斯或者凯文——尤其是凯文——那么如果你行为紊乱，你的老师也会觉得不足为怪。

到英国结果也是一样。在一次大规模调查中，1/3以上的老师表示，他们认为阿丽莎、凯西、克丽丝特尔、凯尔、利亚姆和布鲁克林应该是班里的问题小孩。而伊丽莎白、夏洛特、艾玛应该是表现良好的乖乖女。此外，接受调查的老师中有半数以上，承认他们看到新学年开始时的姓名簿时，就做出了上述假定。

还有一种姓名决定论，也就是说姓名在一个人的工作和职业中起着重要的作用。尤塞恩·博尔特（Usain Bolt）如果把名字改成尤塞恩·米安德（Usain Meander），他还能跑得一样快吗？

埃德蒙·埃肯黑德（Edmund Akenhead）生来就注定会是《泰晤士报》（The Times）填字游戏版块的编辑。从 1965 年至 1983 年期间，他确实担任此职。

比利时足球明星马克·德·曼（Mark De Man）的名字跟他的职业生涯真的有关系吗？当我们发现巴兹·奥尔德林（Buzz Aldrin）的妈妈未婚时的名字是玛丽昂·穆恩（Marion Moon）时，我们应该为此感到惊讶吗？

在姓名领域最突出的研究之一也许是这项调查：叫埃米莉、格雷格的人比叫拉奇莎、贾马尔的人更容易被雇佣吗？

调查中寄出了大约 5000 份伪造的简历，应聘芝加哥和波士顿报纸中的招聘职位，其中一半简历的名字听起来像是白人的名字，比如埃米莉·沃尔什（Emily Walsh）或者格雷格·贝克（Greg Baker），另一半简历的名字听起来像是非裔美国人，比如拉奇莎·华盛顿（Lakisha Washington）或贾马尔·琼斯（Jamal Jones）。

调查的结果显而易见，却令人沮丧。

那些写着像"白人"名字的简历比那些像"黑人"名字的简历收到反馈电话的概率高 50%。研究者推测，雇主根据人们的名字进行判定，对黑人应试者造成了歧视，这也许是无意识的行为，也许不是。

是人们的势利心态，还是社会科学的正常规律，抑或是现有偏见的强化？无论是什么原因，世界各地的命名习惯以及关于我们的命名所带来影响的研究充分表明，为孩子取名是一件非常重要的事情。

我真正意识到这一点是因为发生在我家中的一件事情，在那一刻我认识到，对我们每个个体来说，名字有多么重要。我们最小的儿子是在我妻子怀孕 34 周时出生的，那时候我和妻子还没给他定好名字。

当这个 4 斤多的小不点儿躺在伦敦南部医院育婴室的保育箱中时，他旁边的卡片上只是简单，或者过于简单地写着：宝宝伍兹。

没有名字让他看起来更加脆弱，他应该有个名字，来告诉大家他在那里，向世界宣布他是一个有生存权利的小人儿。

他确实做到了，现在大家叫他"路易斯"（Louis），路易斯·伍兹（Louis Woods），别忘了"s"。

世界上的妈妈们是怎么带孩子的？

不管给孩子起什么名字，孩子就是孩子，不是吗？

不管他们出生在哪里，这些精力旺盛的小不点儿可不会尊重环境或经历，他们需要关注，需要无尽的爱，需要把他们带到世界上来的人非同一般的敬业精神。

同样，对于整个人类而言，最具有普遍性的莫过于女性的本能，想要保护和养育孩子的欲求无疑是最基本的特征，即便是世界上最奇特的社会也是如此。

事实确实如此，下面这项研究就在某种程度上证明了这一点。美国的尤尼斯·肯尼迪·施莱佛国家儿童健康与人类发展研究所（the USbased Eunice Kennedy Shriver National Institute of Child Health and Human Development) 进行了一项研究，对阿根廷、比利时、巴西、法国、以色列、意大利、日本、肯尼亚和美国等九个国家的母性行为进行了对比，并针对 5 个月大的孩子收集了许多观察结果和数据。

在所有文化中，母亲都会给孩子喂食、洗澡、换衣服、跟孩子说话、陪孩子玩耍、给孩子买玩具等。事实上，无论你在哪个国家，除了上述六种关键行为外，在妈妈和孩子之间，并没有其他具有统计学意义的行为定期发生。说到母性，在世界上的任何地方，这六种关键行为被看作为基本要素。

研究中还发现了另一个共同特征，九个国家的妈妈们在做这些任务时，基本上分为两种独特的方式：一是二元关系行为，妈妈会和孩子交流，比如看、说、笑、玩耍；第二种是特殊二元关系行为，妈妈们会鼓励孩子去关注玩具、声音、风景或者身边的其他人。

你可以想一想，阿根廷、比利时、巴西、法国、以色列、意大利、日本、肯尼亚和美国等国家存在着多大的差异，所以这些相似之处确实非同寻常，它们是母亲普遍性和专一度的有力证明。

尽管从世界范围内来讲，在孩子出生的第一年，养育孩子的核心基础在本质上相同，然而自然和社会环境塑造父母的心理状态和文化信仰的不同往往会造成方式和技巧的巨大分歧。通常，一种文化认为对于特定年纪的孩子来说平常、合适的事情，在另一种文化中只会引来恐惧和厌烦。

正如下面我们具体讲到的睡眠问题就是一个绝佳的例子。在西欧和北美，许多家长认为，让孩子哭喊够了孩子自然会按时睡觉，然而这种"教"孩子入睡的概念，以及让孩子痛哭的方式，有些国家的父母听后会觉得非常震惊。

对于本书的部分读者而言，有意识地允许自己的孩子哭，哪怕是一小会儿，都是残酷、不近人情的。而且，世界上有许多畅销的关于如何最有效地哄孩子入睡的图书。

当我在北京和中国的孕妇交流时，也曾经切身感受过这种文化差异。讲台前是一位传统的助产士，她简单粗暴地给大家展示换尿布的技巧，看得我眼泪直流（谢天谢地，她用的是玩偶）。鉴于中国已经见证了13.5亿人的顺利降生，我想我不应该质疑这位助产士的做法，也许中国人一直以来都是这么做。

后来我发现，事实并非如此。看到玩偶像面团一样被翻来翻去，大多数准父母惊得目瞪口呆。

同样，作为一个美国人，当我看到——我有特权可以经常去——东非的许多妈妈每天都背着孩子四处走动时，我不仅心怀敬畏，而且也承认，你所能领会的育儿智慧，是基于你所在的地方、养育你的人，以及所处环境的文化模式，并经过你自身的感知和解读而形成的。

在肯尼亚和坦桑尼亚，妈妈们身上穿的肯加女服将婴儿紧紧地包在背上，看到婴儿们如此满足，如此美丽而平静，我禁不住想，为什么世界上其他地方的人们不早点儿采用这种做法。也许我们也曾经采用过这种方法，但是很快就放弃了，转而使用笨重的金属制婴儿车，这样一来，没有三个大人的帮助，根本无法乘坐公共汽车。

之前提到的研究也是如此。尽管母子关系的基本原则和行为模式有普遍性，但这些行为的具体表现却存在微妙而意义重大的差异。在研究发现的普遍真理之外，还有一系列变化。意大利和阿根廷两国的婴儿比比利时的婴儿更喜欢说话。在与孩子的互动方面，也发现了同样的现象，阿根廷的妈妈们再一次名列前茅，而比利时的妈妈们又是最拘谨的。在名单之外，美国的妈妈们最有可能给孩子玩具，鼓励孩子一个人坐着，或翻转滚爬。

是不是对事情过度解读，才推断出一直浸润在个人自由高于一切的文化氛围中的美国女性，最有可能在孩子小时候就鼓励他们注重自由，甚至用玩具来奖励他们的所作所为？这项研究的发起人并不这么认为，他们认为研究结果证明，妈妈们做出的任何与孩子进行互动的决定，主要基于她们所处的文化环境不同，而她们自己意识不到这一点。

另一项研究强化了这一观点。研究发现，美国的中产阶级女性希望通过"激励"方式最大程度上促进孩子的认知能力，而对于意大利的妈妈们而言，在培养孩子的过程中，"激励"一词的意思却迥然不同。在她们看来，"激励"主要是为了发展孩子们的社会能力而不纯粹是大脑功能。这种把情商放在传统认知能力之上的做法，可以看作是建立一种完全不同的人生蓝图，从孩子出生的第一天起，就为其生活中最重要的事情做准备。

从更加实际的日常层面而非心理学角度讲，作为一个普遍性的父母育儿过程中的早期问题，如何应对婴儿的乳牙生长，催生了世界各个地方各种典型的处理方式。

以德国为例，妈妈们会让孩子嚼脆面包，也就是 Zwieback，字面意思是烘焙两次，而意大利版本就改成了意大利式脆饼。在印度传统的草药疗法中，丁香可以用于减轻炎症和缓解齿龈酸痛。将丁香磨碎制成粉末，加水后，用洗净的手指沾一小部分轻轻地将其揉入牙龈中。用过丁香油治疗牙疼的人都知道，这个疗法确实管用，但实际上他只不过是让整张嘴巴变得麻木而已。

琥珀，因为它的抗炎性和治疗性能，被许多采用自然疗法的健康医师用作止痛剂，其中就包括治疗牙痛。琥珀中的秘密成分就是琥珀酸，是由琥珀树脂释放的化合物。当破碎的琥珀靠着温暖的人体时，人体就会吸收其释放的琥珀酸。爱沙尼亚、拉脱维亚和立陶宛所在的波罗的海地区出产的琥珀尤其富含这种治愈物质。在波罗的海以及其他出产琥珀的地方，婴儿长牙项链已经使用了数百年。

当然，还有所向披靡的索菲小鹿牙胶，最初生产于 1961 年的法国，它耐嚼的低温硫化橡胶、突出的易咬的小鼻子使它迅速成为风靡全球的玩具。在它的本土法国，每年卖出的长颈鹿牙胶的数量比新生儿的数量还要多。

在英国，人们一直采用顺势疗法颗粒来应对婴儿长牙时的状况。将小袋中的颗粒倒进婴儿的嘴里，同其他的顺势疗法一样，除了有极其信赖它们的人口中的奇闻轶事作为参考，几乎没有证据表明这些颗粒除了能让孩子转移一两分钟的注意力之外，还能起到什么作用。而他们之所以长期存在，也许是因为它们通常含有糖分。我们都明白糖类可以转移人们的注意力，但是却不利于牙齿护理。

有一种源于非洲的疗法，现在偶尔还在美国和加勒比海地区出现，这种疗法完全依靠一只小小的鸡蛋的力量。当长牙的迹象初现时，妈妈会把一个生鸡蛋立在袜子或者袋子里，然后把它悬挂在宝宝睡觉的地方的上方，然后就等着蛋黄发挥它的魔力。

听起来很荒诞，但是在早上 4:18 分，你会尝试手头上或者老一辈传下来的所有招数。

暂且把小小的牙齿放在一边，"育儿"这个概念本身在世界各地就存在着很大的分歧。虽然世界上大部分地区的育儿规范都是父母照看自己的孩子，但是在许多文化中，照顾孩子的责任通常由社区共同承担，孩子们并不仅仅由父母来养育。

例如，撒哈拉边远地区过着半游牧生活的家庭，往往由部落中的女性们共同抚养孩子，这些女性在饮食和育儿方面相互照顾。科特迪瓦的某些村庄中，孩子出生后村庄里的每一个成员都会前来拜访，以使孩子在以后的成长过程中和村庄里的人都建立起良好的关系。在巴厘岛，妈妈会把孩子放在吊网中背着，这样一来，如果她们需要帮助，就可以直接把孩子交给身边的其他村民。

这种社区化的方式看上去极其合乎情理，而且非常满足人们的需要。除非你住在都市中，多年的邻居对你来说就像是陌生人。

但是也有这样的文化，对于早期的育儿挑战，并没有形成不同的处理方式，他们看待婴儿的方式完全与众不同。

"Beng"是西非的小的族群，他们认为每一个孩子都是至高无上的灵性存在，知道和明白他们听到的不管用什么语言表达的话语。

那里的父母们相信，孩子在出生之前生活在一个灵性世界中，他们知道人类的所有语言，理解所有的文化。因为灵性世界的生活非常快乐，所以孩子们不愿意离开那里来到尘世家庭中。在他们出生后的几年，他们依然与另一个世界保持着联系，如果他们没有得到好好照顾，也许会决定回到原来的灵性世界去。为了不让孩子回到灵性世界中去，父母通常会悉心照顾幼儿，也会对他怀着敬畏之心，因为这些幼儿依然同灵性世界保持着联系。

你能从中推测出这种详尽复杂、美丽独特的模式是如何生成的——破坏性的高婴儿死亡率是鼓励父母悉心照顾幼儿这种模式形成的催化剂，它的构建主要是为父母的职责服务，尽管这种模式为其他文化所嘲笑。这个种族和他们神奇的灵性概念、无所不知的幼儿，是世界父母在保护和养育幼儿时，应对遇到的多样化挑战的另一种巧妙方式。

如果说在育儿方面有什么完美的例子可以证明逆境和环境挑战创造了真正了不起的东西，那肯定是神奇的袋鼠式护理法。

这个如今广为流传的护理方法，主要是基于家长和早产婴儿之间的肌肤触碰。父母将仅穿着尿布的小宝宝以直立的方式贴在自己赤裸的胸部，就像小动物靠着自己的妈妈一样，一天重复进行多次。

这一方法是由哥伦比亚的儿科医师埃德加·雷于1978年首度提出的。当时主要是为了应对他所在的波哥大医院极度缺乏的保育箱护理问题。绝望中，他开始抛弃其他的辅助方式，直接把婴儿塞进妈妈的长袍中。

这种做法立见成效，而且令人震惊。从此袋鼠式护理法逐渐发展起来并成为早期儿童保育的现代奇迹，尽管它是基于古老的原则建立的。

研究证明，这一方法不只是保育箱护理的替代疗法，无数实例已经证明袋鼠式护理法对于保持婴儿的体温、刺激乳汁分泌、加强母亲和孩子的联结有很好的效果，这不关乎环境、婴儿的体重、孕龄以及临床状况。

这种疗法不仅会加强父母和婴儿之间的联结，而且父母的心跳也会使婴儿得到抚慰，甚至有可能增加他们的血液含氧量。

这个振奋人心的故事现在已经传出了南美洲，在距离南美洲千万里之外的伦敦南部，我早产的儿子，就从中获益良多。这种护理法不仅能够帮助他，而且在我充满无助感时，我发现自己能够做一些积极的、有前瞻性的事情，这真是意外的惊喜。

这种方法如此成功，现在已经被用在足月出生的婴儿身上，也取得了类似的效果。事实上，唯一美中不足的是，在发达国家，保育箱和其他医疗科技特别发达，而且人们往往认为这些代表着最好的医疗方式，因此袋鼠式护理法无法充分发挥其作用。

睡眠：全世界的父母都觉得这让人筋疲力尽吗?

襁褓包着睡、一起睡、仰面睡、趴着睡——婴儿的睡眠方式

大有学问，但是否有人破解了这道难题呢?

在为人父母之前，你不会因为能好好睡上一觉而心存感激。

你享受它、挥霍它，偶尔还会过分放纵，只当起床是其他人需要做的事情。那时候的你不能明白，一旦你为世界上的另一个人的生存、延续以及各方面的发展负全部责任时，你会多么渴望能美美地睡上一觉的!

如果你意识到了这个问题，在你还未为人父母之前，你肯定会请上几周的假，什么也不做，就那么享受慵懒的时光。或者，像我最近少有的忙中偷闲的那次，躺在床上，定上闹钟，享受那喜悦的一刻，把闹钟关了又开，开了又关，想着还可以尽情酣睡的几小时，心中窃喜。

好吧，回头想想，这听起来好像有点儿夸张。但是，接下来我们就会发现，睡眠是一种特效药。过去的几十年，在欧洲和北美，当安静的夜里宝宝们坚持要吵醒睡眠中的父母时，人们开始试着让宝宝们明白事理。然而，研究表明，无论何时何地，无论我们年龄多大，我们的睡眠间隔时间

都更短了。

所以，是婴儿在做最为自然的事情，还是我们成年人，特别是西方人，对夜里的睡眠心怀不切实际的期望？

让我们一起寻找答案。

睡眠的故事

每个人都需要睡眠，缺乏睡眠会让我们的身心付出惨重的代价。事实上，克扣睡眠已经成为一种折磨人的方法，世界上的许多国家用这种方法促使审问对象精神崩溃，榨取信息。缺乏睡眠会引起心理状态的变化，与此同时，它也会影响人体的免疫系统以及神经生育学功能，人体的反应时间、记忆功能、认知表现也都会迅速弱化。

如果你长期缺乏睡眠，很快就会产生幻觉，感觉眼前现实的东西已经改变。而实际上这是由于为了保持清醒而快速转动眼球产生的白日梦，它使人进入了一种恍惚的状态。

在这样的状态下持续一段时间，你的情绪状态就会严重恶化，很快，你的道德指南针就会像草地喷灌器一样，之后你就会进入精神错乱状态。

是的，睡眠确实很重要。

感知智慧告诉我们，我们每天都需要 8 小时睡眠。虽然有大量类似的"智言慧语"存在，对许多人而言却并不适用。当然，我们并不需要这样多的睡眠来维持身体的正常运转。历史上有许多人物睡眠时间短暂，却取得了卓越的成就。世界历史上最为著名的两位英国首相——温斯顿·丘吉尔（Winston Leonard Spencer Churchill）和玛格丽特·撒切尔（Margaret Hilda Thatcher）都是众所周知的短时睡眠者，此外还有拿破仑和弗洛伦斯·南丁格尔。据说，托马斯·爱迪生认为睡眠是对于时间的一种可怕的浪费，他更喜欢小睡一会儿而不是长长地睡一觉。

巧合的是，目前有越来越多的证据表明，这位美国发明家的话确实有些道理。尽管如此，很讽刺的一点是，他的成果却永远改变了人类的睡眠，使其变得更糟。

他发明的电灯泡以及后来广泛应用的人造光，使得工业化社会人们的睡眠模式有了显著的变化。几百年之前，到了晚上，孩子睡着后，你也差不多也要睡了。因为天黑之后，人们一般就会上床睡觉，第二天天一亮就起来。

然而关键问题是，这并不代表人们会从黄昏一觉睡到黎明，比我们拥有更多的睡眠时间。其实，在爱迪生等人发明电灯泡之前，人类的睡眠时间呈碎片化，如同动物王国依然延续的模式一样。

人们在天黑后开始入睡，一直睡到午夜，醒来后接下来的两个小时就吃点东西（当然还要亲热一番），然后再睡上三四个小时，就又迎来新的一天了。

听起来很不错，不是吗？

在如今尚存的游牧民族或者原始狩猎部落中，这种碎片化睡眠模式依然沿用着。只有我们才想要"好好地睡一觉"，甚至还想让我们的孩子也如此。当把它放入历史的大背景中去看时，这看起来似乎是一种颇为不公平的要求。

但是，即便是在广大的发达国家中，人们的睡眠模式也存在着很大的差异。2005 年，人们以 10 个国家为对象进行了一系列研究，研究显示，从总体来看，虽然研究中涉及的 10 个国家中，人们平均每个晚上的睡眠时间为 7.5 小时，但是各个国家的具体情况各有不同。

日本人的平均睡眠时间为每晚 6 小时 53 分钟，而葡萄牙人的平均睡眠时间为每晚 8 小时 24 分钟。

42% 以上的巴西人每天都会午睡，然而只有 12% 的日本人会在白天小睡一会儿。超过 32% 的比利时人患有失眠症以及其他睡眠问题，然而它的邻居奥地利，只有 10% 的人患有此类问题。

在南非，53% 的受访者承认他们经常需要服用药物来辅助睡眠，而在葡萄牙，这一比例为 46%，这也许恰好解释了为什么他们每晚的睡眠时间如此之长。

2009 年，经济合作与发展组织也进行了一项研究，研究表明，法国人每晚的平均睡眠时间为 9 小时，美国人和西班牙人紧随其后为 8.5 小时，而韩国人和日本人在名单中垫底，平均睡眠时间少于 8 小时。

现在我们已经弄清楚，各个国家成人的睡眠时间各有不同，那么孩子们的情况如何呢？一项基于全球 3 万个家庭的研究发现，婴儿以及刚刚学步的孩童，其睡眠时间——包括小睡时间在内——也存在差异。

新西兰为 13.3 小时，美国为 12.9 小时，而在日本这一数字下降到了 11.6 小时（你应该已经发现，日本人是地球上最缺乏睡眠的人群）。而且孩子们上床睡觉的时间也不同，新西兰的孩子们上床睡觉的时间平均在晚上 7:30 左右，而香港在晚上 10:45 左右。

然而，孩子们少睡还是多睡几个小时，真的那么重要吗？最终的结果不都一样吗？等到他们十几岁的时候，不管我们身在哪个国家，不都是需要炸药才能叫他们起床？除了父母自己会觉得疲惫，孩子不睡觉根本不会有什么长期危害，不是吗？

马萨诸塞州综合儿童医院（Massachusetts General Hospital）普通儿科主任埃尔希·塔夫拉斯医生（Dr. Elsie Taveras），发现长期缺乏睡眠确实会给孩子带来危害。

她与同事一起，每年都会对6个月以上的婴儿进行跟踪调查，直到他们长到7岁。每次调查，他们都会认真记录孩子的身高、体重、体脂比重、腰围、臀围、睡眠习惯等信息。

他们发现，小时候睡眠模式最差的孩子，患肥胖症、体脂超标的概率也最高，特别是会形成腹部脂肪囤积，进而容易导致心脏病和糖尿病。结果很明显：幼年时期睡眠持续被打断会对人体健康造成累积性的、长期而巨大的不利影响。

嗯，你可不要有压力！

我们明白了睡眠的重要性，同时，通过世界上一所颇为知名的学府所进行的无比怪异的实验，我们也了解到孩子们的哭声不只是用来叫醒我们，而且需要我们迅速应对。

为揭开这一问题的答案，牛津大学的研究者们让志愿者在不同的背景音乐中在电脑上玩"打地鼠"游戏。背景音乐首先是孩子的哭声，然后是困境中的成人的声音，最后是鸟鸣的声音。

结果如何呢？当志愿者听到孩子的哭声时，打出的分数最高，而且比其他声音下打出的成绩要高很多。

相对于其他两种声音，当孩子的哭声响起时，实验中的男性和女性快速反应和捶打这些讨厌的地鼠的能力都显著增强。只要听过婴儿的哭声的人都知道，这种声音无法被忽略，几乎没办法让这种噪声停下。但是这也表明，这种声音也使我们更好地帮助他们，对他们的需求做出反应。这真是一项令人惊奇的发现。

但是，如果你觉得这是一种聪明的方式，那么告诉你，也有证据表明，从婴儿出生的第一周起，他们的哭声中就有可识别的口音。人们从法国和德国的 60 名儿童的哭声中发现，孩子们哭的旋律与本国语言的旋律相同。法国的新生儿哭的时候结尾会有个轻快的旋律，因为他们的法国父母也会如此。然而，德国小孩刚开始时哭声比较强烈，到最后就弱了下去，同他们的父母说话时的语调一样。

此外，早在妈妈的子宫里时，孩子们肯定就学会了他们本土语言的旋律。所以，当孩子哭喊的时候我们无法忽略。孩子的哭声会引起你的生理反应，并让你迅速采取行动。孩子们哭的旋律与你们的语言的旋律相同，你在潜意识中也会觉得熟悉。

究竟怎样才能让宝宝入睡呢？

就寝时间的战争

在讨论这场睡眠之争之前，我们先看一下全球有哪些技巧和方法可以哄宝宝入睡。

例如，在瑞士的产科病房，新生儿会在吊床上迷迷糊糊地睡去。这种可以弹跳、晃动、摇摆的吊床，会对刚刚出生的宝宝起到抚慰作用。同样，菲律宾的妈妈们用编制的摇篮来轻轻摇晃疲累的宝宝，等到他慢慢睡着后，妈妈会把他放在睡席上，让他好好睡一觉。

在丹麦、芬兰和瑞典，一直以来都有这样的传统，妈妈会把宝宝包好，放到婴儿车中，然后带他们出去，让他们在新鲜的空气中好好睡一觉。事实上，丹麦健康和药品管理局正想尽一切办法推荐这种做法。他们认为在外面清爽地睡上一觉儿后，孩子会吃得更有滋有味，反应也会更加灵敏。

瑞典还有一种传统，当地人称其为"拍拍"。父母让婴儿趴好，然后轻拍宝宝的臀部，有节奏而坚实地轻拍直到孩子迷迷糊糊地睡着。他们相信这样有节奏地轻拍婴儿的臀部，可以让孩子回忆起在子宫内的环境，给他一种安全感，让他安睡。

当然，并不是只有这几种差异，如果说在如何让宝宝入睡这个问题上我们的世界是分裂的，一点儿都不是夸大其词。你肯定会想，人类作为一个物种，经过了六七百万年的进化，应该已经敲定了一些基础性的东西，这是多么简单的事情啊，可事实并非如此。

近年来，宝宝的睡眠问题已经成了一场思想形态之争，其中前沿阵地主要在北欧、美国和澳大利亚。一方支持共同睡眠者，另一方支持睡眠训练者（包括他们的准军事化派别以及"哭个够"部队）。

对于今天世界上绝大多数的妈妈和孩子来说，共同睡眠无疑是生活中的常用模式。在欧洲南部、亚洲、非洲、中南美洲的大部分地区，直到宝宝断奶，妈妈和孩子会一直睡在同一张床上，有的妈妈甚至在宝宝断奶后依然与其睡在一起。

当然，我们还会发现许多不同的模式和怪异的文化现象。比如，日本的父母经常会和孩子睡在一起，直到孩子长到三岁。在菲律宾和越南，父母会和孩子一起睡在床边的吊床里。有的地方，父母还会把孩子放在柳条筐里，然后把筐放在床上，夫妻两人之间。

但是，无论何种情况，世界上只有少数文化能够接受让孩子一个人睡。

当然，在北欧和北美也有许多人支持共同睡眠模式，他们指出，这种模式不仅具有空间优势，而且还会让孩子更加独立、自信和开朗。因为共同睡眠可以加强父母与孩子之间的联结，也可以给孩子安全感，进而增强孩子的自信心。

为什么要费时间来研究几千年来流传下来的睡眠方式呢？因为，有一些因素需要西方世界的某些地区的视线向外看齐。

首先，共同睡眠以及与之相伴的母乳喂养对妈妈们提出了很高的要求。虽然婴儿正靠着他们最爱的人打盹儿，宛如人在天堂，但是对于母亲，或者父亲来说，这样经常会导致睡眠质量差，以及睡眠碎片化。当爸爸或妈妈——在许多发达国家，越来越多的情况是父母双方——早上必须外出工作，这种状况可就不那么浪漫了。

也有不少人相信，让孩子自己睡会使得孩子和父母更加独立，然而很少有证据来证实这一说法。但是，有一点是确定的，自己入睡的宝宝在半夜醒来时也能够自己入睡。

此外还有婴儿猝死综合征（SIDS，是指通过病史不能预知，通过死亡后的彻底检查，包括完全的尸解、死亡背景调查及病史回顾，不能解释其

原因的婴幼儿突然死亡。——编者注），或者说摇篮症问题。共同睡眠和
婴儿猝死综合征之间的关系一直存在争议，常常会引起人们激烈地争辩。
但是《英国医学杂志》（*British Medical Journal*）近期的一项研究表明，与
新生儿睡在一张床上会使他患婴儿猝死综合征的概率增加五倍——即便父
母尽量避开一些危险因素，不吸烟、不酗酒、不吸毒——使得这一睡眠方
式成为许多父母严肃对待的问题。但是，共同睡眠仍然有许多忠实的支持
者，他们认为这是世界上最自然的事情，并且指出，在香港等地区，虽然
采用共同睡眠方式的家庭非常多，但是患有婴儿猝死综合征的实例却很少。

　　谢天谢地，专家给予父母们的不要把孩子放在自己肚子上的建议（虽
然这是过去几十年许多国家给父母的建议）使得全球的婴儿患猝死综合征
的比例逐渐下降。

　　然而，另一项导致婴儿猝死的因素，是用襁褓包裹新生儿。用襁褓包
裹婴儿有着四五千年的悠久历史，世界上普遍采用这种方法来帮助宝宝入
睡。到 17 世纪时，它才慢慢衰落下去。即便如此，如今世界上许多地方
依然采用这种方式，比如土耳其等国家依然采用襁褓来包裹大部分新生儿。
在过去的 10 年，这种方式在英国和美国也有卷土重来的趋势。

　　跟共同睡眠一样，用襁褓来包裹婴儿的方式近来也被指出会增加婴儿
罹患猝死综合征的风险，尽管后续的研究对这一问题提出了质疑，许多父
母已经对此产生怀疑，并对这种方式敬而远之。

　　与共同睡眠相对的，是许多父母希望在建立例行程序的基础上，用正
式的方式来训练宝贝入睡。

　　晚上的睡前程序一般来说都是计划的一部分。睡前给宝宝洗个暖暖的

热水澡，给他静静的拥抱，然后再喂他一次，不管怎样做，最后都是为了让宝贝躺在自己的床上时把不适感降到最小。

听起来不错。

但是当这些招数都不管用，你一放下宝宝他就哭个不停的时候，你就面临着一个重要的选择，是否要转向下一步，让他哭个够？苛刻点儿说，尽管近些年来对这一模式多有美化和点缀，但从实质上讲，就是让你的孩子自己哭到睡着，多重复几次后，他们会认识到没有什么可哭的，因为除了有大人偶尔经过，没有人会过来看看他，把他抱起来。

这对父母来说很难，没有父母可以轻松进入状态，或者说，如果他们真的这么做了，内心也不会好受。

可想而知，共同睡眠和"哭个够"模式之间存在着显著的差别。英美两国的在线育儿论坛上也充斥着怒气冲冲的思想辩论，这一主题因其性质吸引了许多疲惫、焦躁的父母。

支持者认为，睡眠训练可以迅速地帮助孩子养成好的睡眠习惯，使得宝贝能够安静下来好好休息，而且至关重要的是，它可以为整个家庭提供好的睡眠环境。他们认为，在当今世界，越来越多的人需要外出工作，一对可以好好休息的快乐的父母也会有一个快乐的孩子，即便最初的训练非常艰难。早期研究甚至认为，对婴儿进行睡眠训练可以减少妈妈罹患产后抑郁症的概率。

其背后的理论依据是，所有的宝宝都会哭，如果他们需要通过流泪来学会好好睡觉这一有价值的终生技能，那么就值得付出这一代价。

事实证明，对于许多父母来说，这确实是一个颇具吸引力的选择，然而有一项相关研究表明，如果宝宝的啼哭无法得到父母或其他护理人的回应，心烦意乱的宝宝体内就会产生大量的应激激素皮质醇。神经生物学家表示，大量的皮质醇对宝宝的大脑发育存在危害性，即便之后宝宝看起来已经安静下来，身体依然呈现出遭受压力的迹象。

　　但是有一点我们可以肯定，世界上几乎没有宝宝生下来就会自我安慰，不需要父母守在身边或者抚摸轻拍就能安然入眠。事实上，我只见过一次学会不哭、完全沉默的婴儿，那是在马其顿一个人们疏于照管的孤儿院，那时候科索沃战争（the Kosovo war，是一场由科索沃的民族矛盾直接引发，在以美国为首的北约的推动下，发生在 20 世纪末的一场重要的高技术局部战争。其持续时间从 1998 年 2 月至 1999 年 6 月。——编者注）已经蔓延到边境。这些婴儿之所以不哭，是因为他们知道，即使哭也不会有人来，因为他们哭的时候从来没有人上前来看过他们。

驾驭便盆：源自东方的如厕训练

在孩子的如厕问题上，中国和印度为什么使用便盆？又是以

什么方式早早就摈弃了便盆？

如果说关于睡眠的争论是固执、倔强的，那么婴儿的如厕训练则是一个柔软的世界。

在"可爱的宝贝要嘘嘘"背后，是一个非常现实的问题，对我们而言，这一问题有着极其严肃的环境意义。

如厕训练简史

最初的时候，所有的父母都做着同样的事情，等到了恰当的时机，他们观看、等待、训练宝宝学着上厕所。这主要是受健康需求的驱使。尿液、粪便等会传播疾病，甚至致命，所以尽早教会孩子什么时候去哪里如厕才最卫生，是我们人类生存繁衍的关键。

直到 1600 年，在英国首次出现了我们今天所说的尿布，但是这一创造没有引起轰动，因为它极其昂贵。对于那些在此之前就对宝宝进行过如厕训练的人来说，不需要借助其他东西，只需要不断地鼓励和练习，尿布对他们而言是不必要的麻烦，而不像当今世界上许多父母对于尿布的依赖。

尿布的费用（使用一次性尿布对人们的社会地位的要求）以及早期训练孩子如厕所需的时间和精力，共同造成了当前的形式。据估计，世界上有一半的幼儿是在一岁以后接受如厕训练的，其中大多数幼儿接受训练时不使用尿布；而另一半幼儿穿一次性尿布的时间越来越长。

但是，在我们分析各种文化如何应对这一问题之前，我们先来看一下两位男性是如何对当今幼儿如厕的情况造成影响的。

在 20 世纪初期，精神分析学之父西格蒙德·弗洛伊德认为，对婴儿进行如厕训练时，父母的消极反应会导致婴儿形成过于注重细节的人格。如果父母在婴儿准备要排便之前强迫他们学会控制肠道的运动，他们就会不知不觉地养成抑制排便的习惯，作为对此的一种反抗。长大后，他们往往会厌恶混乱、喜欢清洁有序，不质疑权威，花钱不大方，而且极其固执。

但是，弗洛伊德认为，你毫不拘泥的"随便去哪儿"的如厕训练方式，会使孩子在长大后形成一种脏乱、叛逆的性格，而且很自私。

看到这儿，你肯定永远都不想这么做了。

芝加哥精神分析学家罗伯特·加拉茨 - 利维（Robert Galatzer-Levy）早就说过，弗洛伊德之所以如此重视如厕训练，是因为他生活的那个时代还没有室内管道设施，人们还在为是使用便壶，还是到冰冷的屋外厕所而斗争，从而暗示它的衰落已成定局。

这一观点在本杰明·斯波克（Benjamin Spock）于 1946 年出版的《斯波

克育儿经》(*Baby and Child Care*)一书中得到了强化。这本书非常成功，影响着一代又一代的父母。斯波克是第一个学习弗洛伊德的精神分析法来了解儿童需求的儿科医生。在他这本颇受欢迎的育儿指南中，他建议父母在孩子一岁前不要做任何如厕训练。在他看来，正如弗洛伊德所言，这样会导致孩子以尿床的方式进行反抗。

因此，随着工业化的西方日渐繁荣，越来越多的家庭开始使用尿布。而精神分析学家在人们心中播种下了这一意识，那就是如厕训练越晚越好。所以在对幼儿的如厕训练方面，整个世界出现了分歧，逐渐发展到今天各占一半的分裂状态，虽然这种均势即将彻底被打破。

如厕训练

在东非的棚户区、拉丁美洲的贫民区，以及印度各城市中的贫民窟，你肯定会见到不一样的生活情景：晾衣绳上晒满了毛衣做成的尿布，一次性尿布堆成一堆，类似的情景不止这些。

在这些地区以及世界上许多其他的地方，比如东南亚的大部分农村地区、中欧的部分地区，许多父母，特别是妈妈，会在孩子出生的第一周就学会识别宝宝的身体信号，并根据这些信号来预测宝宝什么时候需要排便。

当他们判断宝宝需要排便时，就会把宝宝放在水槽、碗、厕所、空地或者其他方便而安全的地方。然后他们就会用某种声音或者动作来鼓励宝宝排便，慢慢让宝宝形成条件反射，只要一有这种声音或动作，宝宝就想要排便。

这一招简单却有效。

宝宝把这一动作或声音与排便联系起来，很快这些信号就成了一种邀请或请求。很明显，在出生后的第一年，宝宝无法自己擦洗身体，所以这一阶段的主要任务就是父母帮着孩子保持清爽干净，而不是让他们独立上厕所。

婴儿早期的如厕训练并不是一件非常重要的事情，使用尿布也不是最经济的选择，但是在疾病如同野火般传播的环境里，卫生通常是最重要的。尿布的使用经过了人们的测试，如今世界上的许多地方仍在使用这种方法。

从婴儿出生后的前几个月就对他们进行如厕训练，发展到让他们使用尿布，一直到两岁、三岁甚至四岁，这种相对快速的转变，在许多地方引起了代沟冲突，比如英国。祖父母看到这种情景，往往皱起眉头。因为在他们年轻时，育儿的方式与现在完全不同。在他们眼中，这种花费高昂的"进步"，有害而无益。

西欧和美国的大部分地区也存在类似的情况。在美国，过去的几代人往往在孩子18个月大的时候就不使用尿布了，然而最近的一项研究显示，满32个月的孩子中，半数以上无法在白天保持干爽。简而言之，战后经济的繁荣使得西方国家的幼儿学会如厕所花费的时间越来越长。而随着相对不是很舒服的毛巾质地的尿布逐渐被超级舒适干爽的一次性尿布所取代，婴儿去厕所的需求逐渐降低。对于许多父母来说，孩子长到四五岁，开始上幼儿园的时候，才需要好好对他们进行如厕训练。

然而，这真的重要吗？如果今天的孩子们一直穿着尿布，直到一岁、两岁或三岁，那又有什么关系呢？

研究证明，这确实事关重大。如厕训练如果太晚，可能会导致婴儿的泌尿系统和肠道系统出现问题，比如出现尿路感染和膀胱尿失禁等症状。

还会造成环境问题。平均每个宝宝需要用 8000 个一次性尿布，每个尿布需要 200 年来实现生物降解，你现在可以明白为什么垃圾填埋场的意义如此重大了吧？而且形势可能会变得越来越差。

中国从古时候起就一直采取如厕训练技巧，不需要尿布，只需要父母费些心思（通常是女性）。他们给幼儿穿上一种特殊的开裆裤，这样孩子们不管去哪儿都可以随时随地解决排便问题。父母们发出嘘嘘声，孩子们穿着开裆裤蹲下排便，在不知不觉中就学会了如何上厕所。

然而这种形势正在改变，而且这种改变有着巨大的影响。

随着中国都市的大多数父母经济上越来越宽裕，时间上越来越紧张，越来越多的人开始用一次性尿布代替开裆裤。除了方便以外，能够负担得起随用随丢的东西也是富有的外在标志。据估计，仅中国使用的尿布就占全球的 14%，即使在目前这个早期阶段，中国已经是"帮宝适"纸尿裤的世界第二大市场，仅次于美国。

世界上唯一一个比中国更顾及宝宝小屁股的国家是印度。印度有着对婴儿进行早期无尿布如厕训练的悠久传统。但是，随着经济的不断发展，一次性纸尿布也开始涌入印度。

在使用一次性纸尿布方面，中国和印度是否会与西方一样陷入恶性循环，时间自然会证明。但是讽刺的是，这种早期的如厕训练方法——更名后的新术语是"排泄沟通法"——在美国和英国开始崭露头角。可清洗的尿布又卷土重来了。

如厕方法，和世界各地的父母们一样，也在不断的变化！

○ **一位家长的话** ○

我们的女儿正好两个月，我和妻子以为她会像中国的其他婴儿一样，喜欢纸尿布。

然而，我的岳母强烈建议我们使用婴儿坐便器。跟她们那一代中的许多人一样，她相信我们越早对我们的女儿进行如厕训练，对大家来说就越轻松。

所以，孩子满月后，姥姥就开始把她放在坐便器上，并在一旁吹口哨。这种现象在中国很普遍，特别是在老一辈中。

当你觉得孩子已经坐好，准备撒尿的时候，就开始吹口哨。吹口哨时声音要轻柔，听起来就像是撒尿的声音。这种声音会让宝宝兴奋，并准备撒尿。最后，甚至在宝宝一岁之前，当他们想要撒尿的时候，他们就能够控制自己。

虽然我对这种吹口哨的方式仍有一丝怀疑，但是不得不说，它确实很管用！

橡树（Oak）——中国

世间智慧——育儿经

是人们的势利心态，还是社会科学的正常规律？无论是什么原因，世界各地有充分的证据证明，你的名字可能会对你的一生产生重要的影响。父母正是做决定的那个关键人物。

美国的一项研究表明，即便长到7岁，小时候睡眠模式最差的孩子患肥胖症、体脂超标的概率也最高，特别是会形成腹部脂肪囤积，进而容易导致心脏病和糖尿病。

睡眠训练，或者说让你的孩子哭够了以后自然入睡，是早期育儿过程中争论比较激烈的问题。对于世界上大部分的地区来说，需求喂养法和共同睡眠法依然是主流。但是，在工业化的西方，睡眠训练的方式占据了大部分阵地。

一项研究表明，如果宝宝的啼哭无法得到父母或其他护理人的回应，心烦意乱的宝宝体内就会产生大量的应激激素皮质醇。但同时也有研究表明，从长期来看，这并不会对孩子造成伤害。

据估计，世界上有一半的幼儿是在一岁以后接受如厕训练的，其中大多数幼儿接受训练时没使用尿布。而另一半，一次性纸尿布的使用率越来越高，幼儿穿一次性尿布的时间也越来越长。

PLANET
PARENT

第四章

饮食

"乳壶"的发展史是怎样的？

对于养育孩子，你选择母乳喂养还是奶瓶喂养？

世界上的孩子都吃些什么呢？

各个国家肥胖症越来越严重的原因是什么？

能让我心底顷刻泛起这种纯洁却根深蒂固的原始愉悦感的，也许只有一件事情，那就是看我的孩子吃饭。

作为父母，这种感觉就是本能，确保你的孩子带上了维持生存所必备的东西。

当然，作为第一监护人，提供、判断和监督你无助的孩子的营养摄入只是你的一项责任。但是，随着孩子慢慢长大，你的任务就变成了逐渐灌输给孩子有益的饮食习惯，为孩子长期的健康生活打好基础。至少从理论上来讲是如此。

饮食是一项基本功能。但是当出现问题时，它却经常承担着异常沉重的责任。从母乳喂养、学校午餐一直到肥胖症和婴儿营养不良等，世界和她的孩子们一直在与食物相关的前沿阵地上作战。

奶瓶喂养和母乳喂养

乳母、配方奶粉、奶瓶之战——全球范围内为什么掀起激烈
的母乳喂养之争？

在育儿方面，有一个问题一直引起人们的争论、焦虑甚至还伴有愤怒，这便是母乳喂养。

母乳喂养的历史与人类生存的历史一样悠久，所以你肯定会想，我们人类在历史悠久的过程中肯定已经形成了统一的意见，无论采用哪种方式，肯定已经解决了存在的分歧。

才不是呢！

从母乳喂养还是奶瓶喂养，到那些选择了母乳喂养，却想要避开雷区，确认母乳喂养的正确时间和地点的父母，这一切使得我们给孩子所需要的营养这个简单的问题变成了一场战斗。

如果你认为到了现代，母乳喂养才变成了一个复杂的问题，那么你想错了。看一看人类喂养孩子的历史，你就会明白我们是如何发展到今天这种局面的。

喂养之路

乳母，是指为别人的孩子哺乳的人。拜认乳母，在现在的许多人听来有点儿违背伦理，像是发生在模糊而遥远的过去的怪事。事实上，它并不是昙花一现。它从公元前 2000 年一直持续到 20 世纪。

在这一段漫长的历史时期里，乳母从个例发展到以应对不时之需，后来基本上成为了一种生活状态。几百年来，它代表着一种真实的职业，并有合同和法律对其加以规范。

直到 19 世纪，奶瓶的引入以及婴儿食品军备竞赛的展开，这一惯例才逐渐消逝。

乳母之所以兴起并逐渐发展成为一个产业，是因为那时候和现在一样，女性并不总是能够轻松地泌乳和哺乳。在世界最早的百科全书、公元前 1550 年古埃及的《埃伯斯纸草文稿》（*Ebers Papyrus*）一书中，就提到了泌乳失败的问题，其中甚至提到了针对这一症状的潜在治疗方法：

"在油中温热剑鱼的骨头，然后用来按摩妇女的后背。或者，让妈妈盘腿而坐，吃用腌渍的高粱制成的喷香的面包，同时用婴粟按摩妈妈的胸部。"

到了公元前 950 年的希腊，有较高社会地位的女性，一般会请乳母为孩子哺乳，据说是"为了保持身材而不能哺乳"。

我们的老朋友，古希腊以弗所的索兰纳斯（Soranus），妇产科学之父，曾经写过关于乳母的古老指南，其中还包括一种评估母乳的质量和稳定性的指甲测试。将一滴乳液滴在指甲上，乳液不能过稀而流下来，也不能过浓，以致粘在指甲上。这一方法在 1500 年后的今天依然盛行。

然而，乳母不仅仅哺乳孩子。往前数约 1000 年，方济会修道士巴塞洛缪斯（Bartholomeus Anglicus）在 13 世纪 40 年代列举了乳母的特征和责任：

"当孩子高兴时，乳母会陪孩子高兴；当孩子哭泣时，乳母也会哭泣，就像孩子的亲妈妈一样。当孩子掉到地上时，她会将他抱起来；当他哭喊时，乳母会喂他吃奶；当他躺下时，乳母会亲吻他；当他手舞足蹈时，乳母会紧紧抱住他；当他弄得一团糟时，乳母会帮他清洗。"

如果真的有这种乳母的话，那她肯定是超级保姆。

到中世纪时，有一种理念开始盛行，人们认为，乳母的生理和心理特性会通过乳汁传给婴儿，这就导致了许多母亲开始重新哺乳自己的孩子。

17 世纪早期，法国产科医生雅克·吉耶莫（Jacques Guillemeau）提出了反对乳母哺乳的四个主要理由：（1）孩子有可能被掉包；（2）妈妈和孩子之间的感情会变淡；（3）孩子可能会遗传不好的因素；（4）乳母身上不好的因素传给孩子后，可能还会再由孩子传给孩子父母。

吉耶莫还补充道，从医学的角度讲，孩子确实需要一个乳母，但是一定不要选红头发的女性，因为她们往往体温较高，这对乳汁产生不利。

虽然这种消极的风潮不断袭来，这种惯例却是经过了一段相当长的时间才逐渐消失。而许多贵族女性依然尽量避免自己哺育孩子，因为这看起来不时髦，对身材不好，而且身体也不舒服。另一方面，工业革命以后，许多工人阶级的女性需要通过工作来承担不断增加的生活成本（现在也是如此），所以她们不得不把孩子交给当地的农村妇女来哺乳喂养。

到了 1900 年，乳母这一职业差一点儿消亡。但是它是否会卷土重来呢？

在过去的几年，许多地方又出现了乳母这一角色。当然，在许多地方并没有那么正式，尤其在发展中国家。但是，特别是在美国，乳母代替母亲哺乳作为一项有偿服务卷土重来。

"为了保持身材而不能哺乳"大部队现在忙得没时间哺乳，乳母的回归主要是因为很多妈妈虽然经济富足却没有时间或意愿给孩子哺乳。

然而，对于世界上的大部分妈妈来说，不管是什么原因造成无法母乳喂养，奶瓶都是一个不错的选择。

奶瓶喂养的历史特别悠久。

人们通过化学测试发现，在公元前 2000 年以后出现的盛放食物的陶器中，含有动物乳汁，但是直到工业革命以后的 1770 年，伦敦米德尔塞克斯医院（Middlesex Hospital）一名见识广博的医生休·史密斯（Hugh Smith）发明了白镴乳壶，动物乳汁才真正走进人们的生活。

这种乳壶看起来很像我们现在使用的咖啡壶，一小块布绑在溢水孔处，起着关键作用。这个小小的简陋的装置开启了此类产品的开发链，于是，今天当你走进育婴店时，就能看到一系列千奇百怪的瓶子了。

不过，要说品牌名，我觉得没有哪个名字能比得过"乳壶"。

然而，悲惨的是，正如在分娩那一章节提到的，那时候的人们对于细菌和疾病传染方面的知识缺乏了解，而且早期这些简陋的装置很难好好清洗，据估计，那个时期有 1/3 接受人工喂养的孩子在出生后的第一年就被夺去了生命。

后来奶瓶和人工奶嘴得到了重塑和精制，首先使用的是玻璃和橡胶等材料，之后换成了塑料，人工喂养开始在工业化的西方真正风靡起来。不久，医学界也开始将动物乳汁作为儿童的液体营养源。

用动物乳汁来喂养孩子的历史可以追溯到公元前 2000 年。当然，乳汁的类型要取决于当时有哪些常见的动物。山羊、绵羊、驴、骆驼、猪和马都曾被提到，但是最主要的还是母牛。

到了 18 世纪，形式又有所改变。1760 年，法国医生珍·查尔斯·德伊萨兹（Jean Charles Des-Essartz）出版了《儿童身体养育论著》（*Treatise of Physical Upbringing of Children*）一书，第一次将人体乳汁的成分与动物乳汁的成分进行了对比。通过乳汁的化学特征，德伊萨兹证明人体分娩的乳汁是最好的奶源，并进行了一系列的科学实验，想要创造出尽量和人类乳汁相似的产品。

关于婴儿食品的竞赛拉开了帷幕。

1865 年，尤斯图斯·冯·李比希（Justus von Liebig）创造了一种婴儿食品并推向市场，这种婴儿食品是由牛奶、小麦、麦芽粉和碳酸氢钾组成的，李比希称其为最完美的婴儿食品。

但事实并非如此。

和后来的许多婴儿食品一样，虽然它可以把婴儿养胖，但是缺乏重要的营养物质，比如蛋白质、维生素和矿物质。之后这些元素通过配方得到了补充。

19 世纪晚期，许多著名的品牌，譬如雀巢奶粉、霍力克麦乳精、罗宾逊专利大麦都在争夺这一利润丰厚的新兴市场。随着需求量的增加，婴儿食品的价钱也在不断上涨。1929 年，美国医学会成立了食品委员会，审核婴儿配方食品质量和安全。到了二十世纪四五十年代，在美国，婴儿奶粉已经成为市场的主流，公司也开始运转。

婴儿配方食品的销售变得复杂，势头也更加迅猛，不仅在美国等发达国家，在许多发展中国家也是如此。比如雀巢奶粉，引来了许多批评的声音。目前，从全球范围来看，母乳喂养呈现出逐渐衰退的趋势，据粗略估计，20 世纪全球接受母乳喂养的婴儿占到了 90%，而到了 21 世纪，这一数字下降到了 42%。

但是，这些真的重要吗？

母乳喂养还是奶瓶喂养？

要说营养，母乳是最好的。

如果说我们在短短几百年就合成了人类经过几千年的进化才至臻完美的乳汁，这无论从哪个角度讲都让人难以置信。

但是，这并不是唯一的证据，事实上，证据几乎不计其数。

据研究估计，在婴儿生下来的前六个月，非专门的母乳喂养导致了140 万婴儿死亡，而 10% 的疾病负荷也是由不足五岁的孩子来承受的。研究还发现，食用婴儿配方奶粉的孩子罹患糖尿病和儿童肥胖症的比率呈现上升趋势。

救助儿童基金会建议配方奶粉包装上面应该印上跟香烟盒上面的文字类似的健康警告，告诉人们，如果妈妈们用母乳喂养孩子，那么每小时世界上将有 95 个孩子免于死亡。

对两岁以下的孩子进行母乳喂养可以使得孩子最大限度地远离可预防性疾病。在广大的发展中国家，对五岁以下的孩子进行母乳喂养可以使 80 万幼儿免于死亡。与非母乳喂养的婴儿相比，接受母乳喂养的孩子在生命的前几个月存活的概率是前者的六倍。此外，只接受母乳喂养的孩子，在其出生后的前六个月死亡的可能性，是不接受母乳喂养的孩子的 1/14。

这些令人震惊的数据背后，最大的决定因素就是发展中国家奶瓶喂养的组成因素。在世界上许多最贫困的地区，想要确保兑奶粉的水是安全的、混合的比例是正确的、餐具足够干净卫生，几乎不可能。

然而，不要以为这些问题在西方就不会出现。

在美国，一项调查发现，非母乳喂养的婴儿中，死亡率增加了 25%。在英国进行的千禧年队列研究（Millennium Cohort Survey）中，六个月单一接受母乳喂养的婴儿腹泻入院的比率减少了 53%，患呼吸道传染疾病的概率也减少了 27%。

然而，受益的不仅限于孩子。母乳喂养也会对母亲的身体健康起到良好的作用，而且在分娩后很快就会起作用，不仅降低了产后出血的风险，还降低了母亲患 2 型糖尿病、乳腺癌、子宫癌和卵巢癌的概率。

研究还发现，女性过早地停止哺乳可能会诱发抑郁症。

好，好，好，够了。明白了。

那么在西方国家中，为什么法国的母乳喂养率最低？

在法国育儿书籍中，一本名为《冲突：女性和母亲》（The Conflict: Woman and Mother）的图书近一两年来非常畅销。在书中，作者警告广大女性，母乳喂养是一个巨大的特洛伊木马，削弱从女性运动中所受的益处，呼吁女性远离"贪食、暴虐、毁灭母亲"的婴儿。

这本书的作者，法国哲学家伊丽莎白·丹巴泰（Elisabeth Badinter）建议母亲们以给婴儿喝配方奶粉的方式进行回击，如果宝宝不从，就要建立严格的喂养制度。她认为，法国的女性正处在"母乳最好"这种宣传的狂轰滥炸中，这只是为了让她们因为不能克服"厌恶"母乳喂养这种概念而心生愧疚。

这种苛评非常典型，近年来关于这方面的争论愈演愈烈，特别是在法国，但是在其他地区也很常见。

极端的"母乳最好"支持者公开抨击奶瓶喂养，而配方奶粉拥护者也谩骂回击。

然而，有一个不可忽略的事实是，也许母乳对于婴儿确实是最好的，但是，不是所有的妈妈都能分泌足够的乳汁来满足自己的孩子。因为我是家里的第六个孩子，所以9.2磅重的我出生后，我的妈妈已经没有奶水了，所以她只能用奶瓶来喂养我。

说到吸奶和哺乳的技巧，许多母亲都很感兴趣。身为人母前几天或前几周内，在她们不懈努力的同时，这种激情也逐渐减退，最后演变为一场疼痛的噩梦。

母乳喂养也许是最自然的，但是却不轻松。不论什么原因，如果妈妈不能给自己的婴儿哺乳，只能改喂婴儿奶粉的话，那么我们当然得谢谢我们的幸运星。

在这场辩论中，我所了解的最理智的话语，出自克莱尔·拜厄姆库克

(Clare Byam- Cook)，她曾是护士、助产师和母乳喂养咨询师，她说：

"许多母亲的乳汁都不充足，这并不是少数人的负担。在过去，奶水不足的母亲要么去求别的母亲给孩子喂奶，要么就眼睁睁地看着孩子营养不良。这不是现代才出现的问题。"

所以，我们现在达成了一致。如果配方奶粉适合你的婴儿，很不错。如果母乳喂养对你来说更合适，那么不论你在什么地方，坚持你自己的做法。

哦，等一下……

在公共场合哺乳

对于在公共场合哺乳，各个地区人们的态度存在很大的差异。

那么，女性究竟在什么时间、什么地点给婴儿哺乳才是合理的呢？关于这一点，不同地区有不同的规则和禁忌。

以非洲为例，各个国家和地区的情况都不相同。在埃及，总体上讲女性不能在公共场合哺乳，但是在加纳、肯尼亚、乌干达和赞比亚的大部分地区这都是允许的。即便许多国家的文化并不支持在公共场合暴露身体，哺乳依然被看作是特例，被人们当作可接受的自然现象。

同样在孟加拉国、斯里兰卡、尼泊尔和印度，人们也并不接受在公共场合裸露身体，但是如果在公共场合相对端庄地哺乳，基本上也没有什么问题。

甚至在巴基斯坦、伊朗以及阿富汗部分地区，虽然女性要头裹纱巾，但是在公共场合哺乳也是为人们所接受的。许多母亲在哺乳的时候会用纱巾遮盖。

然而，讽刺的是，欧洲、北美和澳洲的大部分国家，人们对于裸露身体持更为宽容的态度，但对公共场合哺乳的态度却比较冷酷，甚至觉得肮脏、龌龊。

事实上，并不是法律不允许女性当着他人的面给孩子哺乳，许多国家的法律承认女性有这项权利。但是真正这样做的女性常会引来语言暴力，甚至会遭受身体伤害。

以英国为例，相比 10 年前，近年来人们对于在公共场合的哺乳问题的争论愈演愈烈。英国皇家助产士学院（Royal College of Midwives）的会长最近发表声明说，在公共场合哺乳的妇女遭受暴力的案例越来越多，使得许多女性完全放弃这种做法了。

近期，还有几件令人非常不悦的案例。

英国的一名女性被拍到在公共场合给她八个月大的女儿哺乳，之后这张照片被传到了 Facebook 上，图片佩带的文字说明称她为"荡妇"。另一名在医院的候诊室给孩子哺乳的母亲，被请到了医院的私人办公室。

英国育儿方面的顶尖杂志的副主编，甚至称哺乳"很恐怖"，她说，想到自己只有在自己的爱人在的地方给孩子哺乳，她果断选用奶瓶喂养孩子。

然而，哺育孩子的母亲们也正在反击。北德克萨斯大学（University of North Texas）的学生发起的一场"当自然召唤"的海报宣传运动，迅速在世界范围内引起关注。其中起到重要作用的就是产生了深远影响的图片，图片上展示了由于妈妈们不能坐在外面，无奈地在厕所的小隔间里给孩子喂奶的画面。

这场名为"当自然召唤"的运动，是由学校的艺术生发起的，不过这场运动确实戳到了许多人的痛处，正如同源自澳大利亚或新西兰地区的一首有着讽刺意味的歌曲《毁了你的一天》（*Ruin Your Day*）。同时，一段视频引起了人们的关注，来自堪培拉的一位有四个孩子的妈妈在餐馆里为她最小的孩子哺乳时，另一位顾客觉得自己有权利低声发泄自己的不满。

这段视频是为了嘲弄那些被做了自己该做的事的妈妈们激怒的人，短短一个月内，这段视频就有 80 万人在线观看，并且被翻译成 10 种不同的语言。

最后一段话的来源大家可能猜不到。教皇方济各（Pope Francis），一个不害怕面对问题的教皇，这位阿根廷人在一场特殊的洗礼仪式上说，如果孩子正在挨饿，母亲不应该拘于礼节："如果他们正在挨饿，母亲们，那就给他们哺乳，不需要多虑，因为他们是世界上最重要的人。"

世界上的孩子都吃些什么？

在喂养孩子这个问题上，除了有先见之明的法国革命避免了孩子的挑食问题，以及城镇上表现糟糕的美国父母们之外，还有什么？

世界上的孩子们都吃些什么呢？如果让他们自己回答，答案肯定五花八门。

好吧，并不是所有的孩子都会吃所有的东西，但是总体来看，孩子们几乎会吃所有类型的食物，只要你能想象得到。

比如，在北极地区，到了食物稀少、刺骨的寒冷让食物变得极短缺时，因纽特人就会食用当地的一种传统的食物，原料包括鲸皮、鲸脂和猎杀的驯鹿胃中的反刍物。

尽情地吃吧，孩子。

而且，有意思的是，因纽特人一致认为，如果孩子在两三岁之前没有让他们咀嚼鲸脂和反刍物，就会永远失去他们。这一理论与法国人受欢迎的喂养孩子的方式不谋而合，下面我们也会讲到。

台湾的小孩喜欢的传统食品包括鱼眼、墨鱼干、炸凤尾鱼、海参和鳗鱼。我还曾经看过东非的孩子们开心地嚼着烤蟋蟀（吃昆虫已经被列为解决全球粮食危机的方式之一，因为它们富含蛋白质，而且取之不尽）。而日本的孩子则喜欢吃各种类型的寿司。

有一次我跟金奈（Chennai，印度的一个地方）的一个孩子谈论起了血肠，他突然提出了一个令人哭笑不得的问题，而且表情看上去非常认真，他问我英国是不是一个满是吸血鬼的国家，因为我们都喜欢血制食品。

虽然孩子们的味觉与其他身体功能一起发展，但如果说他们只是囫囵吞枣，而不会注意到食物的味道和口感，那可真是毫无意义。

那么，为什么欧洲大部分地区在早餐时喂孩子吃果仁巧克力酱呢？为什么英国和美国的孩子们喜欢可可米（一种营养麦片。——译者注）和果酱馅饼胜过其他呢？这种喜欢甜品的嗜好是突然从哪儿冒出来的呢？实际上，它的历史可算得上悠久呢！

森林里的果子

虽然我们的舌头可以感知基本的味道——咸、酸、苦、甜，但是，最后一种是最打动我们的。

我们的灵长类动物祖先会在森林里寻找成熟、甜美的果子。当它们幸运地找到一颗满是果子的灌木时，它们就会把上面的果子全都摘下来，不然，谁说得准下一次碰到这么好的运气是什么时候呢？

甜美、成熟的果子就代表着更多的活力，自然选择会奖励那些认识到这一点的人。也就是说，你、我以及世界上其他所有人，生来就善于寻找和食用甜的东西。

当然，人类对甜食的喜好并不止水果！我们的近亲黑猩猩，喜欢把木棍探到蜂巢里去取蜂蜜，即便被蜜蜂蜇伤，它也觉得这不是一笔赔本的买卖。

聪明的人类一走出森林，很快就学会了种植甘蔗，后来又学着从甜菜和玉米中提取糖分，所以现在几乎在所有的气候区都种有这些植物。

时光无法倒流，偶尔碰到一树浆果的日子一去不复返了。我们可以吃甜的东西，或者其他一切美味的东西；或者像冒着被蜜蜂蜇的风险吃蜂蜜的猩猩一样，管它什么结果呢！

刚才谁说要假牙来着？

做食品行业的人很快发现，几乎在任何产品中，只要你多放一点儿——实际上并不止一点儿——糖，人们对它的喜爱就会多很多。

所以，他们就这么做了，而且现在依然如此。葡萄糖 - 果糖糖浆，又称果糖糖浆，是当今高科技食品生产中的关键成分。

这种玉米的衍生物，用酵素将葡萄糖转化为果糖加工而成，开发于20 世纪 60 年代，但是直到 20 世纪 70 年代，进口糖分附加的配额和关税迫使许多食品生产商开始寻找替代品，而合成的玉米甜味剂正是这种替代品。

在 20 世纪 80 年代，可口可乐和百事公司在产品生产过程中，开始用果糖糖浆来代替糖分。它比普通的蔗糖成本更低，甜度却跟后者一样，因为玉米的种植范围非常广，所以果糖糖浆也比较容易获取。它不仅价格低廉，丰富多产，而且有助于食物保持恰当的湿度，增长保质期，而且还能增加饼干的口感和脆度，提高冰淇淋和酸奶的浓度。

简而言之，这就是生产商的梦想。

不管包装袋上列出的名字是"葡萄糖 - 果糖糖浆""果糖糖浆""HFCS（果葡糖浆）"，还是其他越来越晦涩的名字，要想你放进推车里的产品不含有它，真是越来越难了。结果，我们的孩子们摄入的果糖糖浆越来越多，这很可能是导致全球肥胖流行症的一个重要因素。后面会讲到这个问题。

但是，世界上的父母们还没有认输，还有许多美味佳肴、许多好方法、好技巧能够帮助我们来鼓励孩子们不仅要享受美食，还要让美食帮助他们茁壮成长。

三思而后食

日本人的平均寿命居世界之首。许多人认为，部分原因在于日本人在孩子很小的时候就给他们吃美味、营养的食物。

大米和面条是大多数幼儿的主食，而鱼肉、其他肉类和蔬菜主要用于添加风味。而在日本，蛋炒饭和烤鱼也许是孩子们最常吃的食物。制成的食物也分开放在盒子里，以免食物乱成一团，进而导致许多问题，养成伴随孩子一生、甚至会威胁生命的坏习惯。

其实，在日本和韩国，鱼类比其他肉类更为常见，许多人说这是因为这些国家靠海，听上去确实合情合理。英国周围是地球上最富饶的海域，但是新鲜鱼类的消费量——鳕鱼不算——却是悲惨极了，特别是跟孩子有关的海鲜。

即便是说到甜点，传统的日本烹饪方式是把 Kimi 卷成球状，以方便手握。这是一种以米粉为原料做成的鸡蛋风味的甜点，没吃过的人也许会觉得听上去比较奇怪，但是这款甜点入口即化，深受日本小美食家们的欢迎。

丹麦的孩子，跟斯堪的纳维亚地区的许多孩子一样，也喜欢肉丸。但是他们最钟爱的还是一种用黑麦面包、裸麦粉粗面包制成的单片外馅三明治，里面夹着肝泥香肠、鳕鱼子和鲭鱼（还是以鱼为主）。

在我们此次的育儿之旅中，瑞典总是在各国际排行榜中拔得头筹，好多读者已经见怪不怪了。但是下面要讲的这一条，也许会引来更多的感叹。

说到番茄酱的消费，瑞典是不折不扣的第一名，而孩子们在这方面可是贡献了不少力量，他们吃什么东西都要加这种红色的酱汁。

在印度、孟加拉国以及巴基斯坦的部分地区，Khichdi（印度米豆粥。——译者注）（鸡蛋葱豆饭的诞生就是受它的启发）当之无愧是孩子们最爱的美味。它的主要原料是米糊和兵豆，是一种加入姜黄的米豆粥，加入蔬菜、山羊肉、羔羊肉或者鸡肉，再来一点儿酸橙汁，或者少量的芒果，就可以上菜啦！

你现在肯定垂涎三尺了吧？要是我再告诉你这些地区的孩子们喜欢的食物还包括 Aloo Gobi（一种用土豆和菜花做成的咖喱饭），Pakora（淡煎蔬菜卷），Naan Bread（印度飞饼）以及 Chapatti（一种薄煎饼）呢？饿了吧？

在以色列这个酷爱橄榄的国度，幼儿很快就会成为其中正式的一员，而橄榄黄油三明治是他们的最爱。土耳其的父母们午餐时给孩子们做的一道流行菜式便是蔬菜餐（Sebze Yemegi），这道菜简单而高效地让孩子们吃到了营养丰富的食物。各种应季的食物，像芹菜、豌豆、四季豆，还有菠菜、洋蓟、绿皮南瓜等，只要市场上能见到的，都能拿来做这道菜。再加上白米饭或者糙米饭、碾碎的干小麦、红兵豆、鸡肉泥、羔羊肉或者牛肉，再配上沙拉和天然纯酸奶，你就可以开始享受大餐了。

这道菜美味新鲜，能填饱肚子。有的父母还会一次多做些，然后冷冻起来，因为这些父母经常忙得没时间从最基础的步骤开始准备饭菜，这也是不做饭的人们经常挂在嘴边的理由。

在父母们越来越忙碌的同时，快餐行业也迅速发展起来，在韩国尤甚。当然，传统的韩国美食依然盛行，辛辣、新鲜的美味依然是孩子们的最爱。Kimchi（韩国泡菜）是一种腌制的蔬菜，里面有卷心菜、萝卜、大蒜、洋葱，有的时候还会有海鲜，深受孩子们欢迎。而 Kimbap（紫菜包饭），是把米饭和少量的蔬菜用紫菜片包起来做成的美食。

尽管快餐遍地，人们的生活节奏也不断加快，但这个世界依然会给她的孩子们不同风味和口感的菜肴——而且，孩子们欣然接受。

说到食物，人们也自有办法将它们端上餐桌。你可以采用迂回策略把鱿鱼称作"章鱼片"（我试过，还真的成功了）来诱使孩子尝一下，然后让孩子爱上它。

"把你盘子里的东西吃光才能吃布丁"这种古老的方法，真的不明智。

说到孩子的饮食，有一个国家好似已经解决了这个问题，而且，近年来，这些饮食文化也逐渐输送到其他国家。

差异万岁

每个法国人都深深地为自己的存在而骄傲，嗯，法国人！他们对于其他人，对于差异的认识，有时候会被人当作是一种傲慢，甚至被人看作是那种"C'est la vie（这就是生活）"的遗世独立的生活态度，就像"我们深为自己的存在而快乐，做着我们该做的事情"所描述的一样。这仅仅属于法国。

在过去的几年，尤其是在饮食领域，法国的饮食方式引起了人们的注意，并逐渐传播开来。许多国家迫切地想要了解，法国人吃得如此好，却依然能保持曼妙的身材，原因何在呢？

其中的部分秘诀在于，法国人不仅会让孩子们吃好，还会从孩子小时候起就培养孩子积极、健康、敢于冒险的饮食态度。

我们已经了解到，法国是世界上母乳喂养比率最低的国家之一，那么吃完六个月的配方奶粉后，他们会吃什么呢？他们会直接吃蛋奶酥、喝洋葱汤吗？

当然不是。法国孩子的饮食方式几乎与其他国家都有差异。法国儿科协会（The French Society of Paediatrics）建议实行"食物多样化"方式，也就是说，一旦孩子能够吃固体食物，父母大约每四个小时就要给孩子品尝一种新的蔬菜。总体上来讲，法国人是这么做的。一项研究表明，平均来讲，有40%的法国婴儿在一岁之前就品尝过7~12种蔬菜。

其背后的原理在于，在孩子两岁之前，让孩子尽可能接触各种味道，以此来发展孩子的味觉。根据法国官方的调查，孩子两岁以后，食欲相比以前有所下降，尝试新食物的欲望也会下降。

法国父母们早早地就展开一场策略，在这些小不点说"不"之前，让他们尽可能习惯不同味道的蔬菜。

那么，他们都做些什么菜呢？

首先，土豆是最基础的蔬菜，之后可能还会添加胡萝卜、南瓜、四季豆、韭菜、菠菜和绿皮南瓜等，有时候还会添加小莴苣和甜菜。

这些只是开胃菜。法国的大型超级市场的婴儿食品通道里的复杂口味，更是一件很神奇的事情。

如今，越来越多的西方国家开始推崇婴儿主动断奶，让婴儿自己吃手指食物，同时感受味道和口感。但是法国人基本上不同意这么做，也许你听到这点后并不会非常惊讶。

在许多法国父母看来，让幼小的孩子吃垃圾食品是让他们远离更危险食物的一种保险方式。他们认为，让他们接触各种味道和口感的食物，可以让他们在以后的生活中更好地照顾自己。

当孩子们到了上学的年龄，学校的用餐系统会继承这种传统，这让大多数发达国家自愧不如。饮食教育是学校教育的重点之一，并不是什么临时课程，在教室和餐厅里，美味的食物都会被讨论和称赞。

从三岁起，学校午餐对于孩子们来讲就是一件大事——事实上，就像法国人对待其他所有的用餐时间一样。通常会供有三四种菜式：一道开胃蔬菜；一道热乎乎的主菜配上蔬菜；一道含有奶酪的菜肴；一道甜点，通常不止有水果。每周还会供应一次甜点。主菜可能是小牛肉、蔬菜什锦、烤鱼、煎鸡肉、干酪沙拉或者法国蜗牛（这可不是什么菜名）。

这些食物芳香美味，而且从生活技能方面来讲，学会爱上健康、新鲜的食物可是人生最重要的事情之一。

在学校里，除了白开水以外，没有其他的饮料（2005 年起，法国的学校里开始禁用自动售货机）。在孩子们 12 岁之前，菜单上的主菜只有一种选择，无论他们喜欢还是不喜欢。而且食物会被直接放在孩子们面前的桌子上，用餐的时候他们必须端坐，用餐时间也不得少于 30 分钟。

与法国相比，其他发达国家的学校膳食相对都比较差，特别是美国，从菜单上看更像是快餐店而不是餐厅。而与法国临近的英国，已经开始向法国看齐。2014 年，英国颁布了相关的法律条例，根据条例，每天学校都要提供全麦碳水化合物，至少一份蔬菜或沙拉，白开水是主要的饮料。每星期提供的油炸或添加面糊的食物不得超过两份，其中就包括蛋糕甜点。

说到孩子们的饮食，也许法国的这种饮食方式最基本的原则和关键点在于品尝。法国人不指望孩子会吃掉盘子里所有的洋蓟菜心，但是他们鼓励孩子们至少试一试，尝一小口。

克服对陌生事物的恐惧是问题的关键。一旦克服这种心理，对于一种食物，孩子们可能不会马上喜欢，但是他们会开心地去尝试，最后可能就会爱上大多数食物。

近期的一项调查研究也更加支持了这一观点。研究发现，鼓励孩子们吃完盘子里的所有食物，可能会导致孩子们形成不健康的饮食习惯，进而导致他们在以后的生活中饮食过量。

但是，不是每个人都能去法国，不是吗？现在全球存在着一种悖论，许多经济贫困的国家比世界上最富有的国家更注重孩子们的饮食。10 年前，在去参加约翰内斯堡的一个艾滋病项目时，我目睹了当地人为孩子们准备的一道美味的炖汤。许多孩子们那天只能吃一顿饭。炖汤使用的是新鲜而应季的根菜类蔬菜，加原汤调味而成。这道菜不仅简单美味，而且十分有营养。用如此少的材料烹制出如此健康的美味，真是让人感叹。

厨师杰米·奥利弗（Jamie Oliver），也是那天在场的人之一。这次的经历促使他发起了"学校饮食"运动。这场运动不仅引起了大家对学校饮食的关注，更推动了英国立法的改变。奥利弗发起的这项运动不仅提高了学校的膳食，同时也提高了学生的成绩和出勤率。

然而，当一个国家真正发展和繁荣起来时，肥胖症的大门也开始向人们打开。所以，问题的关键并不是饮食资源问题，而是态度、文化、习惯和意志力的问题。

虽然法国人的饮食方式不见得在世界各地都适用，但是它背后的文化——让孩子们接触不同的味道，慢慢努力让他们明白健康饮食的重要性——并不是特殊的怪癖，不是世界其他地区的人们眼中的那种典型的法国作风。我们需要改变在饮食方面教育孩子的方式，因为这正是我们目前最重要且严肃的事情。

肥胖症：大多数人面临的问题

幼儿肥胖症横扫世界各个大洲、各个国家、各种文化，为解决这个问题，人们做了些什么？

在成长中成长

那是在里约热内卢，离 2014 年世界杯比赛开始正好还有一周，我正跟一群来自贫民区的巴西人谈论着。我本猜想，如果他们发现我来自英国，我们谈论的话题肯定只有一个。

韦恩·鲁尼（Wayne Rooney）最喜欢什么发起位置？常年点球会带来问题吗？或许他们会提到，这个创造了全球最受欢迎的游戏的国家，只有一次加冕过世界冠军。无论具体的话题是什么，感觉足球将是跨越不同国家之间存在的文化鸿沟的最好的话题。

但是事实并非如此，我们讨论的反而是肥胖症。关于在这之前英国发生的一个故事，也引起了巴西小镇上人们的共鸣。

有报道称，诺福克郡（Norfolk）一名11岁的男孩身高只有155cm，体重却达到了190斤，体质指数（身体质量指数，简称体质指数又称体重指数，英文为 Body Mass Index，简称BMI。是用体重公斤数除以身高米数平方得出的数字，是目前国际上常用的衡量人体胖瘦程度以及是否健康的一个标准。——编者注）为41.8。正常的体质指数低于25，30及以上便被定义为肥胖症。

这确实是一个悲剧，但是却不罕见，即便在里约热内卢也是如此。隔着一条街道就能看到伊帕内玛（Ipanema）沙滩以及其他沙滩上晒成古铜色的胴体，这里的人们，特别是最贫困的人群，同世界上的其他人一样，被肥胖症所控制。

然而，这个故事之所以引起了这么多人的关注，源于警察逮捕了孩子们的父母。因为他们的孩子超重太多，警察怀疑他们虐待和忽视孩子。

肥胖使得孩子们罹患高胆固醇、心血管疾病、高血压、糖尿病和某些癌症，出现心理和情感问题的概率也不断增加。这是一件非常严重的事情，而且法律认为，这对夫妻应该对孩子的超重问题负责，这一事实引起了全球的关注，因为这确实是一个全球普遍存在的问题。

因为"肥胖流行症"这一习语已经传播了好多年，看似它已经失去了原本的意义和应有的影响。但是看一下下面的表格你就会发现，发达国家成人中肥胖人数的比率表明，这种现象并不分国界。

发达国家成人肥胖率

排名	国家	肥胖率（%）
1	墨西哥	32.8
2	美国	31.8
3	叙利亚	31.6
4	委内瑞拉	30.8
4	利比亚	30.8
6	特立尼达和多巴哥	30.0
7	瓦努阿图	29.8
8	伊拉克	29.4
8	阿根廷	29.4
10	土耳其	29.3
11	智利	29.1
12	捷克共和国	28.7
13	黎巴嫩	28.2
14	新西兰	27.0
14	斯洛文尼亚	27.0
16	萨尔瓦多	26.9
17	马耳他	26.6
18	巴拿马	25.8
18	安提瓜岛	25.8
20	以色列	25.5
21	澳大利亚	25.1
21	圣文森特	25.1
23	多米尼加共和国	25.0
24	英国	24.9
24	俄国	24.9
26	匈牙利	24.8

从这些数字来看，全球的状况令人担忧。没有国家曾在降低肥胖人数比例方面取得成功，这也使得超重和肥胖的成人数量达到了1980年的四倍，即10亿左右。也就是说1980年，超重和肥胖的成人的数量占世界人口的23%，而2008年，这一比率达到了34%。

这确实是一种流行症。其中大部分主要在发展中国家，特别是那些收入在不断增加的国家，比如埃及和墨西哥。我们可以看到经济繁荣也使得人们的饮食结构发生了改变，从以谷物为主转变为消费更多的脂肪、糖类、油类和动物产品。

从目前的情况来看，世界上的肥胖人口约6.71亿，半数以上生活在下列10个国家中——美国、中国、印度、俄罗斯、巴西、墨西哥、埃及、德国、巴基斯坦和印度尼西亚。其中，13%的肥胖人口分布在美国。美国1/3的孩子不是肥胖，就是处于肥胖的边缘。

但是这种现象不能再贴上美国疾病的标签。在过去的30年，这一问题在中东和北非地区愈加凸显，其中58%的成年男性以及65%的成年女性超重或肥胖。

随着社会的进步和发展，加工食品也越来越多。世界卫生组织总干事陈冯富珍博士（Dr. Margaret Chan），曾经坦率地表示：

"我们的孩子们变得越来越胖，世界上部分地区的饮食方式简直是致命的。而且并没有证据表明，肥胖流行症以及与饮食相关的其他非传染性疾病有减弱的迹象。深加工食品以及富含糖分的饮料随处可见，方便又便宜。儿童肥胖症是一个越来越突出的问题，而且代价巨大。"

对于孩子的身高与体重的相关分析表明，1900~1980年，儿童的体质指数几乎处于稳定状态，但是到了 20 世纪 80 年代之后，这一数据突然迅速攀升。其中的一个关键因素在于，高脂、高糖、高盐的食品和饮料的营销技巧变得愈加复杂，特别是那些直接针对孩子的营销策略。

长久以来，人们一直讨论孩子们的"魔力年龄"，也就是说什么时候孩子的认知能力提高到可以理解广告只是一种单向辩论，只是为了鼓励人们消费，而不是给人以一个全面的图景。还有许多人指出，由于当今的营销者超级精明，不少成年人也无法分辨事实和广告呈现出的假象。

因此到了 20 世纪 80 年代，儿童消费力营销策略诞生了，快餐店的噱头、糖果的包装以及燕麦品牌纷纷指向了那些年轻、可塑的头脑。事实上，研究发现，加拿大的魁北克省从 30 多年前开始就禁止快餐店通过电子和平面媒体向孩子们投放广告，结果人们的快餐费用下降了 13%，孩子们摄入的热量减少了 20~40 亿卡路里。加拿大其他地方的儿童肥胖率的激增状况与美国大致相同，但是魁北克省的儿童肥胖率却是全国最低。

跨越美国边境后，却是另一番情形。儿童肥胖率在不断地增加，同时，6~11 岁的孩子每年观看的谷物早餐广告多达 700 个。谷物公司每年用来推广针对儿童的谷物品牌的资金多达 2.64 亿。

不难发现这一切的运作方法，也很容易看到这种现象的恶劣影响，但是与其他健康问题不同，肥胖症，特别是儿童肥胖症，是一个极其复杂的问题。食品营销与日渐突出的加工食品和非健康食品问题共同作用，在广大发达国家和发展中国家为肥胖问题的激增创造了良好的环境。

发起运动

这场对抗肥胖的战争不仅仅围绕着我们摄入的食物，还有热量摄入、脂肪摄入、碳水化合物摄入、营养品、抑制食欲药物，当然，还有数不尽的菜肴。与肥胖问题相关的行业和部门如雨后春笋般兴起，并迅速发展起来，数量让人震惊。

但是有数据表明，它们并没有起到任何作用，这种流行症继续传播着，丝毫没有减弱的迹象。

那么，究竟是怎么回事呢？

我们缺乏运动，这就是原因。

从 20 世纪 70 年代开始到现在，我们的工作和休闲娱乐方式不断地被计算机化和数字化，这也意味着我们大多数人每天所消耗的热量越来越低，而与此同时我们摄入的热量却越来越多，这种状况对于今天的儿童来说更为不利。各式各样的游戏软件，层出不穷的电子游戏，孩子们所在的真实世界是导致能量消耗越来越低的真正原因。

我们的基因组成也不会给我们多少安慰。剑桥医学研究委员会(MRC)流行病学小组对遗传易感性进行了深入研究，对两万多名男性和女性的基因进行了检查，尤其关注那些会提升患肥胖症风险的基因。

研究发现，简单的身体活动，比如遛狗、种花种草，都可以显著降低这些相关基因的影响。那么父母们应该如何让孩子们远离肥胖症的威胁呢？

复杂的问题自然需要复杂的解决方案。

第一步非常简单。越来越多的证据表明，虽然饮食方式非常重要，但是我们不能单单通过改变饮食来对抗令人恐惧的肥胖症的袭击，我们也要提高日常活动量，而且要迅速做出改变。

将对运动的热爱潜移默化地灌输到孩子的心底；不要用体力活动或运动来惩罚孩子；更重要的是，在运动方面给孩子树立榜样。这些都是提升孩子的运动量的关键。

但是这份责任不能仅仅由家长来承担，政府也应该提供帮助。在英国，根据《英国医学杂志》中发布的调查结果，自从 2003 年政府积极鼓励公司减少高盐食品的销量之后，在一定程度上让心脏病发作和中风导致的死亡率骤降。同样，丹麦政府对饱和脂肪征税 15 个月后，结果如何呢？饱和脂肪的摄入量明显减少，而丹麦可是培根和糕点之乡！

纽约已经禁止餐馆使用反式脂肪，冰岛和瑞士已经全面禁止使用反式脂肪。国家可以做一些事情，也可以颁布禁令和规章制度对那些直接针对儿童的高脂、高糖、高盐食品的销售进行限制。

过去，人们经常把孩子塞进烟囱里让他们清除烟灰，这在敏感的现代人看来野蛮而不可思议。而我们明知道那些食品广告对于孩子们来说并没有好处，却依然不禁止，也许在后人看来，也同样野蛮而不可思议吧。

公共资金资助的媒体发起运动，想要改变儿童肥胖症的持续来袭，但是他们根本无法对抗数亿英镑的商业宣传预算。

迄今为止，没有一个国家有办法扭转这一令人不安的趋势。在这个不断缩小的世界里，可能我们必须要共同努力才能找到出路，从我们自己造成的噩梦中解脱出来。

○ **一位家长的话** ○

孩子们的身体健康面临的现代威胁便是不运动。人们为生活富裕而付出的代价便是不断减少的运动需求。我们和我们的孩子们的生活现在已经演变成一种"盒子文化"。孩子们每天坐在"房盒子"里，然后乘坐着"汽车盒子"去学校，然后坐在"教室盒子"里，放学后，又会乘坐着"汽车盒子"回家，然后在"房盒子"里睡觉。

而结果呢？据预测，这些孩子们可能是平均寿命比自己的父母短的第一代人。近年来，肥胖症已经引起了媒体的关注，缺乏运动是影响儿童身体健康的主要原因。运动不仅会降低人们罹患心脏病和癌症的几率，也会对心理健康、减轻抑郁、提升自信有积极的影响。

不运动现在已经被人们称作"流行性疾病"，它的触觉已经伸向全球的大多数国家。矛盾的是，其中有些国家却居于奥林匹克运动会奖牌榜榜首，例如美国、澳大利亚、英国和中国。这些国家的运动成就和日常活动存在一定程度的脱节。比如在英国，半数以上的儿童没有达到世界卫生组织倡导的每天60分钟的中强度身体活动标准。也就是说，就是孩子们每天玩的时间还不到60分钟。

为改变这种久坐致病的现象，各国政府已经投入了一定量的资金和诸多措施来提升孩子们的运动量。其中包括提倡积极主动的交通方式（步行／骑行去学校）；增加资金，来促进体育和课外活动；

增加课堂和课间活动。然而，依赖政府的举措，只能解决一半问题，因为儿童活动只有 50% 与学校相关（在假期，这个数字通常为 0），确保孩子们的运动量也是家长的责任。

没有给孩子足够的机会来保持活力来保证其身体健康，可以被看作是忽视儿童的表现。对孩子而言，父母是榜样。在孩子成长的早期，父母对孩子的影响可以伴随孩子的一生。超过 80% 的超重的孩子成年后依旧超重，同样，年少时不喜欢运动的孩子，成年后运动量也会比较少。如果我们想让自己的孩子同我们一样健康长寿，那我们必须以身作则，给孩子提供适于运动的环境，这是我们为人父母的应尽之责。

格雷格·怀特教授（Professor Greg White）——英国

世间智慧——饮食

请乳母，也就是让别人来哺乳你的孩子，这种惯例在一个多世纪以前就已经消失了。但是在今天的美国，它又卷土重来。

用动物乳汁来喂养孩子的历史可以追溯到公元前 2000 年。

不论包装袋上列出的名字是"葡萄糖 - 果糖糖浆""果糖糖浆"，还是"HFCS"，这种大批量生产的超甜的物质，在世界上的各种食品中都很常见。这很可能是导致全球性肥胖流行症的一个重要因素。

法国儿科协会建议实行"食物多样化"模式，也就是说，一旦孩子能够吃固体食物，父母大约每四个小时就要给孩子品尝一种新的蔬菜。

法国人也会忽视口感，而专注于让孩子通过尝试各种蔬菜泥来接触多种味道。

从目前来看，世界上的肥胖人口约 6.71 亿，半数以上生活在下列 10 个国家中——美国、中国、印度、俄罗斯、巴西、墨西哥、埃及、德国、巴基斯坦和印度尼西亚。

全世界 13% 的肥胖人口分布在美国，美国 1/3 的孩子不是肥胖，就是处于肥胖的边缘。

PLANET
PARENT

第五章

学习

宝宝发出"na""o""he""ei"的音是表达什么意思呢？

世界上的孩子们是什么时候开始学习第二语言的？

芬兰和韩国，这两个拥有最好的教育思想的国家的教育方式是怎样的？

乔布斯的孩子是不是特别喜欢 ipad ？

交流：顺其自然

从语言学习到非语言信号和社交互动，不论母语是否相同，

孩子们是否都以相同的方式表达自我？

为什么宝宝先会叫"妈妈"？

语言确实是世界的奇迹。

蜜蜂通过舞蹈来指示方向，犬类动物通过吠叫来给出命令，海豚在海洋里滴答滴答。然而，没有任何一种沟通方式可以与语言相媲美。人类通过语言，可以在短暂的时间内把丰富的信息传达给对方。

更引人注目的是，我们的孩子们往往从零开始学起，模仿，探索，练习，仅仅三年的时间，他们就能学会足够的、实用的语言，并进行极其复杂的交流。

儿童学习不同语言的方式也是独特的。在说一种语言时舌的位置，在其他的语言中可能就会口齿不清，无法说出一个单词，甚至单词的一部分。

东非的部分方言听起来就很陌生，通常我根本不知道从哪里开始模仿。听完后，我的舌头和牙齿立即想要以应有的方式发音，所以，往往我刚张开嘴巴，就失败了。

同样，英语和汉语独立发展，差异很大。然而，澳大利亚北部一个土著部落的老者曾经对我说，在这个辽阔的大陆之上，各种方言之间的差异通常比其他的两种语言，比方说英语和汉语之间的差异还要大。

那么现存历史最悠久的使用滴答声的非洲克瓦桑语又是如何呢？

世界上有如此多令人费解的方言和口音，婴幼儿是否必须携带遗传基因才能够学会周围世界所用的语言呢？

要寻找答案，我们可以从一个词中去寻找提示。这个词，几乎在世界上所有的语言中，发音都惊人地相似。

这个词便是"妈妈"，它在世界范围内的应用极其普遍，例外的情况很少。几乎人类创造的所有的语言，无论它的起源和地理传播情况如何，婴儿们都使用这种可识别的形式。其他的任何词都无法与之比肩，无论它描述的主题在世界各地多么普遍，无论它的使用频率有多高。

如果你觉得这个理由还不够充分，那么，多半情况下，"妈妈"是世界各地的宝宝们开口说的第一个词。

如果我们还需要证据的话，那么可以这么说，妈妈确实是最好的指导者。

但是事情往往并不像你第一眼看上去那么简单，仔细观察就会发现，好像有更隐秘和实际的动机在发挥作用，这个中心点便是孩子们最为渴望的东西。

俄罗斯语言学家罗曼·雅各布逊（Roman Jakobson）发现，无论是什么地方的婴儿，最早发声时往往是张大嘴发元音，那是他们在出生后的几秒以大哭的形式发出的。

当新生儿开始试着发出其他声音时，他们往往尝试一些比较简单的辅音，开始时往往会发出一些闭唇音，比如"m""p"，而且通常都是这样的顺序。

这个不停地嘀嘀咕咕的小不点儿终于鼓足了劲儿说出了他们刚发现的声音"m……"，但是他们很快就疲倦了，于是又回到了那个熟悉又轻松的"a……"。

m……a……

为什么宝宝最先发出"m"呢？不是因为他们之前听到过"妈妈"这个字眼，急切地想要重复它。据雅各布逊所言，这是因为当宝宝在吃东西时，"m"是他最容易发出的声音。即便我们成年人，也会将"m"与我们喜欢的美食联系起来，其背后的原因也是如此。

他们很快就转向另一个发音"p"，"爸爸""妈妈"是父母听到孩子发出的最早的两个声音，他们自命不凡地认为，这两个词指的肯定是自己。但实际上，"爸爸""妈妈"并不是宝宝们为宠爱他们的父母选择的名字，它们真正的意思是"这个东西真好吃"，或类似的意思。

历经时日，经过一代又一代，宝宝发出的最简单的两个音，对我们世界各地的语言中最基本的家庭词汇产生了深远的影响。

事实上，并没有遗传密码来引导孩子说英语、汉语或者西班牙语。语言是后天习得的，总体看来，无论人们出生在什么地方，大脑最初只能容下 40 种声音。

曾经身为澳大利亚歌剧演出家的普里西拉·邓斯坦（Priscilla Dunstan）甚至指出，人类来到世上时实际上只带着五个基本的词，或者说声音反应，婴儿用这些词来表达他们的烦恼。而且她还提到，如果我们认真仔细地倾听，我们就能够辨别这些声音。

"na" 是说我饿了，"o" 的意思是我困了，"he" 是说我不舒服，"ei" 表示我的肚子胀气，"e" 是说我要打嗝。

当宝宝大哭时，他们需要什么呢？这个千年之谜终于被揭开了。只是现在没有科学依据来支撑这种看法。

然而，人类已经证明，从出生一直到五岁，孩子们以一种非常快的速度来学习语言。人们学习语言的过程大体上是一致的，无论我们生活在什么地方——尤其你考虑到地区差异性的时候——无论我们说的是哪种语言。

在她所著的《会说话的哺乳动物》（*The Articulate Mammal*）一书中，语言学家珍·艾奇逊 (Jean Aitchison) 指出，我们语言学习过程中的发展阶段大致如下：刚出生后哇哇大哭；六周时，嘀嘀咕咕；六个月时，呀呀学语；八个月时，发音中体现出各类型的语调；一岁时，可以说出单个字；18 个月时，可以说出两个字的词；两岁时，可以对字词加以变形；27 个月时，问问题（非常多的问题）和否定他人；五岁时，非常好的或是复杂的语言建设；10 岁时，全面掌握语言。

无论何种语言和文化，无论地理环境如何，其发展模式或发展系统之间的差别非常小，对孩子来说，不会有一种语言比另一种语言更难学习。

各地的孩子们可以在差不多的年龄轻松学会身边的语言，这也告诉我们，我们生来带着发展语言的潜能。即便没人正式教给孩子们语言，孩子们的语言学习也几乎是天衣无缝，这也构成了孩子们全面发展的一部分。

这个世界上，到处充满了不公平，简直令人窒息。所以，这个对人们的生存和发展来说至关重要的因素，世界上所有地方的人却都能轻松得到，这真是让我们的心为之一振。

当然，也有例外的情况。

语言的学习

说到人类令人震惊的语言学习能力，也许我们生来具有相同的大脑容量，但是，点燃人体内在潜力的催化剂却是接触某种语言环境，并且与他人频繁互动。

以婴儿牙牙学语阶段为例，婴儿发出的令人陶醉的咿咿呀呀的声音，逐渐被人们看作正确发声的先兆。科学家发现，全世界的婴儿们起初都以相似的方式胡言乱语，但是到了第二年的某个时间点，他们的声音就变成了本土的语言。要实现这种转变，孩子们必须倾听周围的人们所说的语言。电视无法承担这项工作，婴儿与周围大人们进行良好的互动才是关键。

人们在幼年时期可以轻松学会一门语言，所以看起来这是一件非常简单的事情，但实际上它建立在积极主动、不断重复以及复杂的学习之上。不管哪个地方的父母，不管他们的社会地位如何，当妈妈跟婴儿床里的宝宝一起咿咿呀呀，当爸爸专心地听他三岁的孩子上气不接下气地一遍遍讲述他发现的新版本的"Knock Knock"（美国小孩子常玩的一种文字游戏。——译者注）笑话，这时候，孩子们的语言学习过程就开始了。

当然，说到父母与孩子之间的语言互动，不同的环境下这种互动的质量也完全不同。如果你在语言塑造期恰好生活在战争环境中，你所面对的障碍之一便是没有面对面交流的时间来打好语言基础，而这恰恰对你的一生至关重要。

然而，造成这种语言缺失的，并不一定是战争环境。英国读写能力信托(The National Literacy Trust)在其发布的一份名为《和你的宝贝说话》(*Talk to Your Baby*) 的报告中，提出了一系列问题，这些问题最终都指向了一种现象，就像英国读写能力信托所说："越来越多的孩子存在着沟通困难的问题。"

是因为橡皮奶头的使用以及它的持续效应？还是因为大部分孩子坐在四轮推车里，只能背对着推车的人？或者是因为身为父母的我们越来越多地把头埋在智能手机里？

从许多人的现代生活方式来看，他们是希望婴儿自己轻松地学会说话吗？虽然婴儿的身边充斥着各种声音，但是他们没有认识到，婴儿所需要的不是各种声音，而是通过直接、亲近的互动，从大人身上学到他们需要学习的东西。

当然，电视的消费也是影响因素之一，它从根本上改变了婴儿获得早期语言刺激的方式。后面我们将深入探究这一问题，同时我们也将一瞥当今横扫世界的触摸屏和应用软件的新时代。

没有证据表明这些事物对于婴儿学习语言有哪些具体的影响，但是非常肯定的一点是，孩子步入五岁之后，学习语言就比之前要困难许多。甚至还有有力的证据表明，如果孩子在六七岁之前，没有以正确的方式接触某种语言，他们也许就再也学不会这种语言了。

无论上述因素如何改变父母和孩子之间语言学习的方式，学校的语言教学方式，特别是第二语言，显示出较多的国际和区域差异。这种差异不仅体现在教学方法和时间安排方面，同时也体现在是否重视向孩子们灌输学习多种语言的重要性等方面。

喧闹的宝宝

尽管世界上大多数小学生到了一定的学习阶段，都会开始学习第二种语言，但是英语母语国家与非英语母语国家之间，存在着各种差异。

也许英语已经不再是世界上使用人数最多的语言，但它确实是使用最广泛的语言。除了那些最为偏远的地区，不论你去什么地方，你都会发现那里的人至少会说"Good"这个词，有时候你还会碰到那种英语说得特别流利、让那些母语是英语的人听后都会感到惭愧的人。

从表面上看，这种"世界英语"的现象对于那些英语母语国家而言是一种独特的优势，但是在当今世界，这逐渐变成了一种负担。

几十年来，在英国等国家，英语占据主导地位的态度不言自明：既然我们如此幸运，我们的语言是世界上最为重要的语言，那我们为什么要把宝贵的时间花在学习别的语言上呢？这种态度导致了许多英语母语国家落在了后面。

全球的语言图景非常有趣。例如在亚太地区，过去，印度曾经将英语定为官方语言，因此大多数学校都将英语定为必修课程。在韩国、巴基斯坦、日本和台湾地区，人们学的最多的外国语言也是英语。而在中国大陆，从小学三年级开始，英语就是必修课程。

在中东和北非，第二语言教育非常广泛，究竟学习哪种语言通常取决于在他们的历史上哪种殖民统治占据主导地位。在阿尔及利亚、摩洛哥和突尼斯，除了母语阿拉伯语外，英语是人们学习的最普遍的语言。然而在埃及、阿拉伯联合酋长国、科威特、阿曼，英语又是主要的第二语言。

虽然各国对于学习语言的年龄要求不同，但从世界潮流来看，无疑是越来越趋向幼龄化。新加坡和香港地区的孩子从六岁开始学习语言；芬兰的孩子从九岁开始学习语言，也就是在他们正式接受学校教育的第三年。

从平均情况来看，在欧盟各国，接受初等教育的孩子中有 73% 将英语作为一种现代语言来学习，然而在接受中等教育的孩子中，这个比例超过了 90%。

此外，欧洲的孩子学习外语的初始年龄越来越小，大多数孩子在 6~9 岁之间，部分孩子甚至从幼儿园时期就开始学习。例如，在比利时的德语区，许多孩子从三岁起就开始学习德语。

欧盟的一个官方目标，是从孩子的幼年阶段起，帮助孩子们学会除母语外的其他两种语言。1992 年，在一次于巴塞罗那举行的峰会上，欧盟首脑设定了这一目标。欧盟称其为"母语 +2"，并认为它包含了思想的交流与整合，同时，掌握其他语言，也可以带给孩子们切切实实的技能和额外的就业能力。

总体来看，这一计划是比较成功的。除英语之外，欧洲人所学习的比较广泛的第二外国语言通常是德语或法语，这主要取决于历史和政治因素。

然而，英国却是完全不同的一幅景象，直到最近才有所改变。多年来，对于10岁以上的学生，语言学习一直是必修课程，但是在2002年，英国政府规定，在普通中学教育证书考试（GCSE）中，14岁的孩子可以选学第二语言，因此，主动学习第二语言的人数骤然下降。

直到2012年，这10年间，A级的法语和德语应试者数量下降了50%，这一情况确实非常糟糕。它相应地导致了大学中越来越少的人学习语言学，各大高校的语言学位也越来越少，从长远来看，这又会进一步导致语言教师的缺乏。

真是灾难！

这一风暴最终得以解决，是从2014年或2015年开始，所有的孩子从7岁起都要学习第二语言。

人们通常会认为，生活在一个说英语的国家是一种幸运，也是不需要学其他语言的一种理由。在澳洲或新西兰地区也是这样的情况。澳大利亚和新西兰在亚太地区的近邻和重要合作伙伴几乎都是通用两种语言甚至三种语言的国家，现在政府正在集中精力扭转人们几十年来持有的态度。

美国是世界上语言最为多样化的国家之一。虽然英语处于主导地位，但是作为一个国家，美国从未指定过任何语言为官方语言。与此相对应的是，美国没有将第二语言的学习列为必修课程，各州的情况也存在较大差异。从大学中外语课堂上的人数来看，在美国，学习人数最多的语言是西班牙语、法语、德语、美国手语、意大利语、日语、汉语、拉丁语、俄语和阿拉伯语。

目前科学技术的发展速度如此之快，对我们的孩子来说，学一门其他语言真的那么重要吗？难道不会有什么应用软件来解决这一问题吗？或者，发明一种东西，可以直接插入耳朵里，就像电影《星际迷航》（*Star Trek*）中讲述的那样。或者我们可以都说 Twitter 上那种以文本为基础的语言，把每个句子压缩到 140 个字甚至更少？

无论我们交流的方式在未来是否适用，学习一门语言都非常重要。因为相关研究已经表明，学习第二语言不仅会让你增加收入，在就业中赢得主动，也会大大促进你智力的提高。

美国西北大学的研究者们发现，说两门语言能调整心智，深深地影响人们的大脑，甚至会改变神经系统的反应方式。

学习和运用第二语言竟然有如此强大的力量。加拿大和爱丁堡近期的一项研究表明，它还可以将人们可能罹患老年痴呆的时间推迟四年。

在过去的 30 年，人们往往等待别人来学习自己的语言。如果这种观念是错误的，那么，在接下来的 30 年，我们会争相教给我们的孩子尽可能多的语言。

在这个不断缩小的世界，随着金砖四国（巴西、俄国、印度、中国）的崛起，以及后来它们在社会、经济、政治等方面的巨大转变，使得在人类现代历史上，没有一刻比此时更重要。作为父母，我们要让孩子把语言当成影响他们未来的关键因素，也要培养他们在学校和家中学习语言的兴趣。

说到这儿，世界上哪个国家的学校最好呢？

学校：教育方式的冲突

在国际教育排行榜中，北欧和东南亚教育模式分别占据榜首，

但它们却截然不同。它们是如何做到的？

斯堪的纳维亚 VS 东南亚

关于如何教育孩子，世界上有一场思想之争。

国际教育排名表如今经常见诸报端，占据头条位置。过去的 10 年，在国际教育排名方面，来自不同的社会、文化和政治背景的两种截然不同的教学方式展开了激烈的竞争。

在这些排名中，最有信服力的莫过于总部设在巴黎的经济合作与发展组织运作的每三年一次的国际学生评估项目（PISA），本项目主要调查 15 岁学生在文学、数学、科学方面的能力。十多年来，前几名一直被几个国家所垄断，我们可以称其为斯堪的纳维亚模式和东南亚模式。

芬兰和韩国，这两个国家代表着两种最好的教育思想。在过去几年的最优教育体系评选中，两国交换了位置，而两国的教育方式却差异巨大。

芬兰

在芬兰，儿童七岁起才开始上学，比其他的许多国家都要晚整整三年。在大多数国家，儿童在教室里的时间对于教学是至关重要的，然而在芬兰，真正重要的是孩子们要做好学习的准备，并且有时间和空间来发现自己的兴趣。对他们来说，让孩子早点儿接受形式化教育不仅毫无意义，而且会适得其反。他们认为，孩子到了一定的年龄，自然而然地会想要了解更多知识，渴望在学校环境中学习。但是，如果过早地让孩子去学校，等到了该学习的年龄，孩子就会厌倦和沮丧了。

即便他们最终开始进入学校学习，对于"孩子们为什么进入学校"这一问题的核心态度也与其他国家人们的看法不同。芬兰人会鼓励甚至要求孩子们经常性地整天出去玩。

在孩子们玩的同时，会有正式的学习做点缀，而不是颠倒过来。多做户外活动，而不是待在教室里，被看作一个关键的因素——无论天气如何。芬兰人同斯堪的纳维亚其他地区的人一样，对于他们而言，没有不好的天气，只有不合适的衣服。各年龄段的孩子们经常穿上防雪服，在零下20度以下的天气里玩耍。

芬兰与世界上其他国家在教育方面的不同还体现在考试方面。全世界各个地方的教育将考试作为非常重要的一部分，但是，芬兰人对16岁以下的孩子进行标准化测试持怀疑的态度。在芬兰，接受过专门培训的老师会单独对每个孩子进行测试并进行评分。在学期末，每个孩子都会收到相应的成绩单。

教育部会不时地参与到部分学校的小组工作中，以了解国家的教育情况。而对于老师和行政人员，如果表现不佳，那么发现和处理问题就是校长的责任。所以，在这个系统中，建立一个庞大的集中化的标准机构来对学校和老师进行审查，是完全没有必要的。

而思想方面的不同主要体现在学生所学的内容不同。世界上的大多数国家所教授的课程主要是正式的学术科目，音乐和艺术等非学术类的课程非常少，然而这些课程却往往包含在芬兰的教学体系中，另外还有许多，比如家政课。家政作为一门生活技能，是必不可少的一门课程，不可以舍弃掉而为数学和书法课程让出时间（后面我们会详细讲述这一点）。

哦，在这方面，他们还不鼓励老师布置家庭作业。

这一教学体系与当今的世界潮流逆向而驰。它的建立，不奢求孩子都非常优秀，只希望给孩子创造平等的环境，希望每个孩子都能拥有自己创造幸福生活的基本能力。

几十年前，当芬兰的学校体系亟需改革时，官方将他们真正想要达到的目标作为新教育体系的核心，这个目标就是不创造竞争，让每个孩子都有相同的学习机会，无论他们的家庭背景、家庭收入和地理位置如何（我们在前面提到的，国家为每个即将分娩的产妇提供一个婴儿箱，也恰恰印证了这一观念）。

在芬兰，不论过去还是现在，教育都不是发掘明星人物的一种方式，而是为所有的人在其人生的起点提供一个公平的环境。如此一来，在这种坚实的土壤之上，每个人在成年后都开出茂盛的花朵。

正是这种教学模式让芬兰长居国际教育排行榜的前列。在过去的几年，外国代表团源源不断地前来参观学习，希望能够发掘到"芬兰奇迹"的本质。

说到教育，芬兰并不是唯一一个值得参观学习的国家。如果芬兰的教育方式体现的是创新、自由的"阳"，那么韩国的教育模式秉承的则是结构化、埋头学习的"阴"。

韩国

芬兰作为标准教育模式的代表，在一定程度上完善了斯堪的纳维亚的教育模式。韩国也被视为东亚教育的标准模式的代表，正如你预料的，韩国的整个社会氛围都充满了竞争，要居于国际教育排行榜的榜首——在2014年的另一项世界教育评估中，韩国荣居榜首——绝非易事。它的邻居，包括日本、新加坡和中国香港地区，都紧跟其后，不断加强本身的教育体系。

这一教育体系建立在不断地努力学习、测试，并将重点放在传统的学术科目上。在韩国，早上6点起床，7:30 来到学校。一天的课程结束后，还要去课外辅导班，一直学到午夜之后。这样的生活对于中学生来说实属平常。韩国的父母会花费大量的金钱送孩子去各种课外辅导班，当地人称其为"Hagwons"，这样的培训机构在韩国大约有 10 万个，有 3/4 的韩国孩子会参加这种辅导班。

这种令人筋疲力尽的安排，以及长期缺乏睡眠，导致一些被压得喘不过气来的学生用"4VS5"规则来鼓励自己：如果你每天只睡四个小时，就能考上心仪的学校；如果你睡五个小时或者更多，那就没有希望了。

无论人们如何评论这种教育模式，它带来的结果却是极好的。韩国的教育体系所带来的改变是令人惊讶的。仅仅两代人的时间内，它就从一个文盲率颇高的国家转变成为一个经济强国，并且产生了许多国际品牌，比如三星、现代、大宇和 LG 等。这些都建立在人们的辛苦努力之上，特别是年轻人。但是，这也让韩国人付出了惨重的代价。

谁是赢家？

韩国不仅名列经济合作与发展组织评选的教育排行榜榜首，也是自杀率最高的发达国家。40 岁以下的人们最常见的死法就是自杀。

而芬兰，与其他的斯堪的纳维亚国家一起，在幸福指数排行榜中居于前 10 位。

如果我们希望我们的孩子聪明、幸福地成长，我们是不是要让学校进行自我调整，让课程不再那么僵硬、死板，多一些创造性？

然而，事情并非那么简单。

在这两种思想体系的斗争中，鲜有提到的是，芬兰今天的这种松散的教育体系源自于长达 20 多年、由中央驱动并严格监督的教育改革。只有通过这种自上而下的改革，芬兰的教育体系才能有如此的转变。

为了实现这一结果，芬兰议会在 1968 年创立了一种新的基本教育体系。这一体系创立的基础，是综合性学校体系的发展以及对学生持统一标准的国民教育课程，这些都由中央部门进行评估。

防雪服和有创造性的游玩听起来应该不符合这些，但是，芬兰松散、创新的教育体系建立的基础正是基于此。要让好的学校不断地发展，首先就必须积极地将学校建设得优秀而坚实。

此外，根据最新的国际学生评估项目（PISA）指数，芬兰实际上已经跌出了前 10 名，这使得许多评论家有了用武之地，他们用各种版本来表达"芬兰人的荣誉结束了"。

虽然这一教育体系经常居于排行榜的前列，但是他们并不相信这种排名文化。所以即便他们现在不在榜首了，他们也只是对此耸耸肩，仅此而已。芬兰的一个高级教育官员友好地回应道："人们总是说某种教育政策'最好''在这些、那些国家中居于榜首'，我们很不喜欢这种说法。对我们而言，只要能超过瑞典就足够了。"

那么，对于我们这些居于中间的国家来说，我们只要能够从这两种教育体系中吸取经验教训，就能在这两种截然不同的教育体系中间找到一种平衡。尽管这两种教育体系存在差异，但它们依然有互通的地方，这些对我们的教育体系的建设可以起到辅助作用。

两国都相信每个孩子都有权利接受优质的教育。虽然具体的实施方式不同，但两国都保持着对学习的热情，并且相信，如果每个孩子都能够接受教育，那么整个社会都会变得美好。这样就形成一种尊师重教的文化氛围，进而推动教育水平的提高，而其他国家只能远远地羡慕、仰望。

苹果手机

屏幕时代的崛起将如何影响世界儿童？全球的家长和老师对

此现象是拥护还是反对？

电子产品的兴起

现代社会发展中的某些方面对于我这样的人来说，简直难以识别。奔向 40 的我，现在就像是一辆出现故障的火车，亟需要修理。

在技术领域，总是有代沟。比如，我妈妈那充满魔力的压力锅，赢得了周围持怀疑态度的人们的盛赞。这主要是因为冷凝水蒸汽那不可思议的性能，让压力锅能以光一般的速度烹饪食物。

说到录像机刚刚流行起来的时候，我又占据了优势。那时候只需 19 步就能录制三小时长的毫无意义的电视剧。有时候我还会不小心把爸爸想永远保存的东西擦掉重写。

但是现在各种电子产品更新换代的速度，使得人们应接不暇。家用录像系统我还没搞懂，我的孩子就能进入到五角大楼的服务器，而且能用真正的武器玩射击游戏了。

美国和苏格兰的研究者已经发现，与父母相比，世界各地的孩子们能够更轻松、更容易地掌握新科技，原因在于孩子们比父母更聪明、更有创造力。

加州大学和爱丁堡大学的学者共同进行了一项研究。他们招募了100多个学龄前儿童，让他们在实验室中参加试验。实验室中有许多八音盒，要想开启它，需要把各种形状的粘土一个个放在上面，或者组合后放在上面。孩子们要做的就是弄清楚如何打开八音盒。先有专门的人士给他们做示范，之后就让他们自己动手。

在一般人的眼里，这些孩子还弄不清因果关系。

但是结果表明，四岁的孩子们完成得非常好。而且，之后一些成人也加入了测试，孩子们轻而易举地就打败了他们。

研究者将这令人惊讶的结果归因于孩子与成人解决问题的方式迥异。

孩子们的思想更为机动灵活，他们更敢于去尝试那些从表面上看不可能是答案的方式。而我们成年人的经验和洞察力会阻碍我们，让我们回到合理的轨道，从而远离了更有创新性、违背常理的假设。

对此我曾有过切身的体会，那时候我带着 iPad 去世界上一些极其遥远、贫穷的地方。从来没接触到这种东西的孩子们几秒钟后就玩得很顺手了。还有，我曾经拖着装有 Windows 98 系统的手提电脑跑了大半个地球，用过的人往往都会问，他们刚刚写完的 8000 字文档去哪了？现在再想起这段回忆，他们肯定会忍俊不禁。

其中的不同在于，触摸屏的界面要尽可能地简洁、贴近本能、不依赖其他中介——你直接触摸自己想要接触的东西。不论你是婴儿、幼儿、老人，也不论你在哪里，这都是人类的一种本能。这也是这种技术进步不同于其他，并得以快速传播、吸引众多用户的原因。

如果你曾经看过蹒跚学步的幼儿跟跟跄跄地来到电视前，用手滑动屏幕，或者他们看着紧紧贴在冰箱上、不肯活动的照片满脸困惑，不用惊讶，神奇的事情正在上演。

但是，世界上的教育家们如何回应、适应这种技术和触摸屏的革命？这些会吓到那些无知的人吗？

笔还是手指？

回想起 30 年前，我学写连笔字所花费的时间——尽管现在从某种意义上说我靠文字谋生——对宝贵的学习时间而言，简直就是一种浪费。

如果能把小学大把大把的练习现在我从未用过的"导入笔触"的时光，直接用在学习一门外语上，那我现在度假时点咖啡可能就不需要用手比划了。

然而，在世界上的大部分地方，这种情况依然存在。孩子们用大量的时间，不论是课上还是课下，来学习某种技能。即便人们的初衷是好的，但是等到孩子长大后，这种技能就过时了，甚至显得非常古怪。

手写体的支持者不希望字体失传，说这是一种悠久的文化传统。那么，让六岁的孩子打扫烟囱，就不是悠久的传统了吗？

然而，有证据表明，书法练习可以帮助小孩子提高手眼协调能力、精细动作技能以及其他的大脑和记忆功能。在美国，有的人甚至称书法练习可以帮助孩子们进入需要高精度手部动作的行业，比如成为医生或画家。

他们肯定没有看到孩子们玩"神庙逃亡"。

印第安纳大学的多项研究表明，写字可以提高大脑活动，加强对概念的记忆。普林斯顿大学和加州大学洛杉矶分校的心理学家也声称，经证明，在纸上记笔记的学生，学到的东西更多。

他们进行了三次实验。首先让学生们在课堂环境中记笔记，之后再针对事实细节、概念理解，对他们的记忆力进行测试，同时，也测试他们合成和概括信息的能力。其中一半学生用笔记本电脑或其他的电子设备记笔记，另一半学生用手记笔记。根据实验结果，后者在概念的理解以及文字材料的应用方面都要强于啪啪打字的同学。

学者们是这样解释这一结果的，与打字相比，手写更慢、更麻烦一些，所以学生必须认真倾听、消化和总结，这样他们才能记下老师所讲的重要内容。这就像是在说，与步行100公里相比，开车更快、更轻松，但是步行的方式更可行，因为这样的话，等你到达目的地的时候，会更开心。

为什么所有关于书法的研究都是出自美国呢？因为美国几乎所有的州都逐步废弃书法教学。

这一充满争议的决定在互联网上激起了一片愤怒。那些支持手写体的论据看起来充满了热情，有时候又不堪一击。比如，成千上万的人肯定不会看不懂爷爷奶奶写的字，但是如果有大规模的断电，孩子们之间如何沟通交流呢？

在美国，手写课的退出与广泛引进"共同核心"课程是同步的。它所教授的技能侧重于"加强建设与现实世界密切相关、能够反映年轻人走入大学或工作岗位上所需要的知识技能"。

换句话说，我们不会再浪费孩子们的时间来教给他们相对没有那么重要的东西，正如书法对于我们的意义一样。

当然，在这感情用事的辩论背后，人们常常忽略的一点是，手写体中连笔的部分现在在美国已经过时了（当时这种写法旨在提高写字的速度，现在键盘输入已经代替了手写，甚至比手写更快）。即便是现在依然喜欢手写的人，也已经多年不采用手写体了。当时美国有线电视新闻网（CNN）征集人们的手稿时，在他们收到的 268 份样本中，有 149 份（约占总数的 55%）是打印的，75 份是手写的，剩下的 44 份是两者的混合。

对于美国而言，这确实是一个勇敢的决定。这是成功还是其他的什么，也许在很久的将来我们才能下定义。也许有一天，科技消失了，纸和笔重新为王，这一举措则被证实是一个重大错误，使得一代人陷入困境，不能手写流畅的手稿。

又或者是，等我们回首往事的时候追悔莫及，感叹为什么让我们的孩子继续我们的老路，把这么宝贵的学校时光用来传承一种有其特色却濒临死亡的艺术。

邻国加拿大，安大略和魁北克的立法者最近也追随着美国的脚步。因为数字沟通的精灵一旦飞出来，就再也不会回到瓶子中去了。两相比较，对于手写体来说，衰落的时代已经到来。

教学中的科技应用

当然，就我们身处的科技革命的影响而言，书写只是巨大的教育冰山的一角。

从 20 世纪 80 年代东京的"计算机白痴"到 20 世纪 90 年代菲律宾的"电脑白痴"，再到今天的印度尼西亚——使用 Twitter 和 Facebook 的年轻人的巨大数量轻松为其赢得了"世界社交媒体之都"的称号——信息科技的运用中心已经在东方。

当发达国家和发展中国家都考虑在学校中安装所谓的信息通信技术设备时，他们一致认为最好是从中学开始。毕竟，大一点儿的学生不会轻易破坏设备，他们会用来学相关的知识，而且中学的教师水平更高，能更为娴熟地使用这些设备。

但是，现在在世界上的许多地方，这种情况得到了逆转，其中尤其是亚洲和拉丁美洲，在技术设备方面，他们尽量向最年轻的一代渗入。这一逆转背后的一个重要的驱动因素，便是与计算机上依赖打字的应用程序相比，触摸屏或者基于手势的计算程序与年轻的学习者之间的关系更为密切。

除此之外，还有"后传"现象。而且，只要资源到位，学校可以甚至应该增加孩子们与触屏设备的互动。（"后传"指的是父母在旅程中把自己的 iPhone 或者平板电脑传给后座上的孩子，把它当成是给孩子的内容丰富的电子抚慰物。）

10 年前，触摸屏的定位仍然比较模糊，如今它已经风靡全球，这种改变的速度我们不该低估。这是一个承载着巨大变革的时代。仅仅五年，低成本的笔记本电脑对于学生而言就变成了必不可少的东西。一场硬件比赛，推动了便宜、低规格但是可靠的电脑的生产。这种电脑，将出现在所有孩子们的书包里。

这并没有花费很长时间。

如今，各方正全力通过大规模的举措将平板电脑、简单的电子书或者浏览器放进数以亿计的孩子们手中。在俄罗斯、秘鲁、葡萄牙、阿根廷和泰国等国家，大量的项目正在进行中。其中令人印象最为深刻的便是土耳其，该国为 1000 万个学生配备平板电脑的计划正在有序进行中。在美国，BYOD（Bring Your Own Device, 自带设备）计划越来越受欢迎。而在撒哈拉以南的非洲，数百位贫困的居民越过了陆上通信时代，直接来到了移动电话时代（现在他们用移动电话汇款的方式比发达国家还要先进），因此数百万的人将越过台式机和笔记本电脑，直接使用平板电脑。

如果世界上许多地区都纷纷给学生们配备平板电脑来辅助学习，那么我们的孩子在家时用在平板电脑上的时间也是有益的，这点应该没有异议了吧？

第二屏幕

有传言说微软和 Skype（Skype 是一款即时通讯软件，其具备 IM 所需的功能，比如视频聊天、多人语音会议、多人聊天、传送文件、文字聊天等功能。——编者注）正在努力开发一个接口，可以将你在视频通话中说的一种语言即时翻译成其他语言，听完这些，你会不由得羡慕我们的孩子将要生活的那个时代。

如果未来无法预知，在这种无法阻挡的科技进步的背景下，许多父母将 iPad "后传"，或者看着自己的孩子娴熟地玩弄智能手机而不是读书时，心中依然满是困惑和愧疚。

这种焦虑和不确定并非没有依据。

澳大利亚的儿科医生们对美国儿科学会颁布的新指南表示支持。在指南中，美国儿科学会敦促父母对于儿童使用智能手机加以限制，这主要是基于孩子们花费太多的时间坐在屏幕前，从而导致肥胖率升高。

研究表明，从平均情况来看，2~10 岁的孩子每天看所谓的"教育媒体"的时间在一小时以下。然而，关键的问题是，这一小时中平均有 42 分钟是用在观看教育电视或者 DVD 上。这可是相当长的一段时间，这也表明，家中居于主导地位的屏幕依然是角落中较大的那个。

依然有一个主要的发达国家建议，对于两岁以下的孩子，不接触电视对孩子的成长是最好的，而大一点儿的孩子最多只能看 1~2 小时的优质节目。

这是哪个国家的建议呢？又是那些思想先进的芬兰人吗？或许法国人背道而驰了？都不对，是电视机的故乡，美国。

如果你看到相关的数据，你就会明白为什么美国提出对看电视的时间加以限制。尼尔森（Nielsen）公司保存的相关数据表明，平均每个美国家庭拥有 2.24 台电视机，平均每个孩子每周看电视的时间为 1680 分钟。此外，70% 的日间托儿所每天至少有一小段时间电视是开着的。

美国孩子每年在学校中度过的时间为 900 个小时，而看电视的时间为 1500 个小时。期间，他们能够接触到大约两万条时长 30 秒的广告。

尼尔森公司估算 2~5 岁的孩子每周坐在电视前的时间为 21.8 小时。也就是说每天大约有三个小时，他们坐在电视机前，这占据了他们醒着的时间的 1/4。

但是在这方面，美国绝不是个例。一项小范围的调查显示，泰国、土耳其、菲律宾、印度尼西亚、巴西、英国和日本等差异较大的国家在看电视的时间方面情况差不多。

当然，如果孩子们观看的内容基本上都是具有教育意义的，这就没问题了，但是，是吗？

当然不是！

美国《儿科杂志》刊登了波士顿和哈佛大学儿童医院的媒体和儿童健康中心进行的一项研究报告。研究表明，对于两岁以下的孩子来说，看电视对于认知能力和语言能力既没有害处，也没有益处。

华盛顿大学的儿童健康研究所援引了有关幼儿儿童看电视和注意力问题之间的关系。伦敦大学学院实施的一项研究，对上万人进行了调查研究。研究发现，五岁的孩子，周末每多看一小时电视，成年时肥胖的概率就增加 7%。

如果这些信息还不够明确，澳大利亚昆士兰大学的学者们甚至提出，人们看电视的时间每增加一小时，寿命就会减少 22 分钟。他们还指出，看电视的危害与缺乏运动、肥胖、吸烟的危害不相上下。

那么长期处在第二屏幕前又如何呢？如果我们的孩子经常面对手机和平板电脑，也是同样的结果吗？

美国的《常识报告》（*Common Sense report*）主要针对八岁以下孩子

所接触的媒体。它指出，2011 年，7% 的成年人拥有了自己的平板电脑；到 2013 年，拥有平板电脑的孩子也达到了这一比例。鉴于发达国家每年拥有平板电脑的成年人呈巨幅增长趋势，如此推论，每年拥有和使用平板电脑的孩子的数量也会呈飞跃式增长。

但是，那些限制甚至禁止孩子接触平板电脑的父母，是在使孩子远离将成为他们未来发展的命脉的技术智力吗？或者他们是否只是在让孩子远离尚且还不能确定的风险？

墨尔本斯威本科技大学的婴儿实验室，已经开始利用婴儿认知神经科学实验，来研究婴儿的大脑运作的具体情况。

虽然项目还处在早期阶段，但是项目负责人、高级研究员乔迪·考夫曼博士（Dr Jordy Kaufman）仅因为平板电脑和电视都有屏幕，就推断它对孩子们的影响与电视带来的影响一样，这种认识是错误的。

"科学家和儿科专家等拥护团体讨论常待在屏幕前给孩子带来的危害时，他们把各种类型的屏幕都放在了一起。但是大多数的研究都是基于电视进行的。iPad 也会对孩子们有同样的影响，这种认识其实是走入了误区。这取决于你如何使用。"

这就是困难所在。很有可能下一代的应用软件不仅在教学方面胜过今天的软件，还可能比传统的玩具益处更大。可是父母们觉得，看到孩子玩传统的玩具心里会更舒服。

几辈人积累下来的习惯一时间很难改变，说 iPad 跟书本一样好，甚至更好，也是一件很难令人相信的事情。但是，如果新的软件能够向父母反馈孩子的进步、优势和弱势，那么，很有可能我们都会长期关注平板电脑。

当今的父母面临的一个问题就是，给你的孩子一个类似于未来环境的基础，还是遵循传统的做法？

除非有进一步的发现，现在的父母只能凭自己的直觉去寻找答案。

然而，还有一种因素值得探讨。《纽约时报》刊登的一篇文章讲到，一些在著名的硅谷科技公司工作的父母，将孩子送到了加利福尼亚州的无计算机小学。

该学校的理念是，科技会妨碍孩子们的创造性，而运动、手工活动以及人与人之间的互动，对于孩子们来讲是最好的学习方式。

那么，创造了 iPad 的史蒂夫·乔布斯又是什么观点呢？他肯定对此持开放的态度，让他的孩子尽情地享用他自己制作的东西吧？《纽约时报》的记者尼克·比尔顿（Nick Bilton）问乔布斯："你的孩子肯定喜欢 ipad 吧？"

他是这样回答的："他们还没开始用呢。我们在家会限制孩子使用科技的东西。"

◦ **一位家长的话** ◦

芬兰的教学体系主要基于九年的义务教育，其中包括初等教育，1~6 年级（7~12 岁），以及中等教育，7~9 年级（13~16 岁）。

因为教育是免费的，所以学生们的课本、文具和午餐也都不收费。16岁以后，你可以去各种职业学校或者高中，这些也都是自愿的。大多数人在初中毕业后会继续深造。对于六岁的孩子，也有免费、自愿参加的幼儿园，这也是教育体系的一部分，大多数孩子都会参加。在幼儿园里，主要是通过游戏来学习，帮助孩子们为入学打好基础。

与其他国家的教育体系相比，芬兰的孩子上学更晚一些，要等到他们七岁那一年。他们入学后，在学校的时间会不断增加，第一年每周大约20个小时，到第六年会增加到25小时。如此一来，孩子们就能够轻松地适应学校生活，而不会觉得学校生活过于苛刻、令人害怕。这通常能让孩子积极看待学校和教育。

每天都会有家庭作业，但是放学后孩子们依然有时间玩耍或者做其他的事情。然而，孩子们上学的时间较短也给部分工作时间较长的家长带来了问题。不过不用担心，学校为那些一、二年级的学生提供了课后托管中心。

在评估方面，老师以4~10分给学生打分。10分是最高分，低于4分是不及格。评估主要是考察学生对知识的掌握，那些在学科考试或者分级考试中，分数在5分以下的学生，在下一年需要重新学习。这种方式可以让所有的学生获得大多数学科的基本知识和技能。

　　然而，芬兰的教育系统旨在帮助那些学习存在困难的学生。在学习方面有特殊需要的孩子可以从特殊教育老师那里得到帮助，而且针对不同学生的具体情况，也有不同水平的特殊教育。关键在于问题出现后，要立即提供学生所需的帮助。

　　除19岁的孩子参加的大学入学考试外，芬兰的教学体系中没有标准化的考试。也没有专为男孩或专为女孩设立的学校，或者固定的班级。在某些情况下，比如数学课，有许多旨在帮助那些想要进入高中的孩子的高级课程，也有为那些想要进入职业学校的孩子所设的基础课程。另外，大多数课程采用混合教学的方式。因为不会根据能力进行分组，其他人也不会把孩子们进行对比，所以学生不会知道，谁聪明或者谁不聪明。因此从学生的角度来看，教育体系更为公平。

　　在芬兰，教育是一件非常重要的事情，教师也被整个社会尊敬和重视。

桑娜（Sanna）——芬兰

世间智慧——学习

芬兰和韩国的教育模式不断被推选为世界最优，虽然二者的教育方式截然相反。

芬兰的孩子七岁起才开始接受正式教育，比许多国家要晚三年。而且他们会定期游戏玩耍，大部分是在户外，这也是学校生活的一部分。

韩国孩子们的学习安排让他们筋疲力尽。长期缺乏睡眠，导致一些被压得喘不过气来的学生用"4VS5"规则来鼓励自己：如果你每天只睡四个小时，就能考上心仪的学校；如果你睡五个小时或者更多，那就没有希望了。

韩国不仅名列经济合作与发展组织评选的教育排行榜榜首，也是自杀率最高的发达国家。40岁以下的人们最常见的死法就是自杀。

而芬兰，与其他的斯堪的纳维亚国家一起，在许多幸福指数排名中居于前10位。

在当今的触摸屏时代，手写体的衰落不可避免。现在，美国和加拿大的大多数小学生不再学习"连笔"写字的方法。

之所以要废弃它，是因为这样做是在浪费孩子们的时间，这一技能对他们未来的发展也并不重要，正如书法对于我们的意义一样。

在美国，所谓的"后传"指的是父母在旅程中把自己的 iPhone 或者平板电脑传给后座上的孩子，把它当成是给孩子的内容丰富的电子抚慰物。

但是，坐在屏幕前究竟会给孩子带来什么影响呢？

说到电视，澳大利亚昆士兰大学的学者们提出，人们看电视的时间每增加一小时，寿命就会减少 22 分钟！

说到孩子们使用平板电脑和智能手机，现在还处于初级阶段，尚未有定论——但是思考一下，当记者问史蒂夫·乔布斯他的孩子是否喜欢 iPad 时，他回答说："他们还没开始用呢。我们在家会限制孩子使用科技的东西。"

PLANET
PARENT

第六章

思想的形成

表扬孩子这种方式有什么好坏之分吗？

东西方父母育儿的方式和出发点有什么不同？

放手让孩子去"冒险"真的会发生事故吗？

世界上的人们对体罚持怎样的态度？

表扬的悖论：东西方在心理复原力方面的差异

除了正面强化和夸张的表扬这些当今英美国家的家长们的惯用
技巧外，是否存在别的方式，更利于培养自信、独立的孩子呢？

表扬

在我生活的这个国度，表扬无疑是主流因素。

在西方大部分地区，现代潮流坚定地赞成这种观念：正面肯定、重新
肯定、在此基础上再加以肯定对于孩子们建立自信心和自我信念至关重要。

人们认为，若非如此，孩子就会缺乏自信，一遇到事情，就会蜷缩在
角落里，躲避一连串批评的袭击。

然而，世界上依旧没有育儿的灵丹妙药。当你一遍又一遍地给出你的
赞美，称赞那些不可靠的绘画，甚至为了你的宝贝不惜抨击那些无辜的钢
琴键时，可能对于孩子而言，并不是件好事情。当然，父母都是出于好心，
但是这种对孩子自信心的保护实际上却使得孩子的心理变得异常脆弱，当

他们听到真实的评价时可能就完全崩溃了。

说到物质条件，我到世界各地时，经常会接触到当地的孩子，他们所拥有的比我的孩子要少得多。但是，经常让我震惊的是，在无法改变的环境下，即便是其中最小的孩子，都很足智多谋，特别有复原力和再生能力。在那种无比艰难的环境下，连生存都很困难，更不用说茁壮成长了。

在世界上的每个国家，无论所处的环境多么恶劣，你都会发现孩子们运用他们的想象力或者任何他们能找到的东西来做玩具玩耍。他们可能缺乏赞美和鼓励，因为他们身边的大人深受贫穷、疾病或灾难的困扰，但是对自由的向往给他们带来了一些东西，比如风筝。他们之所以用旧袋子和树枝来做风筝，不是因为他们想要获得赞美，而是因为如果他们自己不做，没人会替他们做。

菲律宾的塔克洛班市，2013 年时被一场超强台风所摧毁。当我身处这个地方时，看到被死亡和毁灭包围的孩子们放飞漫天的风筝（就是上一段所说的他们亲手制作的那种），他们散发出的那种力量和希望，着实让我敬畏不已。

这些孩子们刚刚经历了骇人的考验。当将近四米的风暴向内陆袭来时，许多人被吹到了电线杆或者椰子树、棕榈树上。时速 378 千米的狂风造成了巨大的破坏，使得 4460 人死亡，190 万人无家可归。虽然经历了如此大的磨难，但是这些孩子们的复原力，却无可争辩。

除了这些极端的例子，说到育儿，在日常方面，东西方父母处理复原力和表扬问题的方式，也存在一些基本的差异。

差异的核心在于，对于美国、英国以及西欧大部分地区的父母来说，尊重孩子的个性，鼓励孩子把注意力放在自己的热情和兴趣上，是育儿的关键。支持孩子的选择而不是替孩子做决定，对他们来说更重要。

要想达到这样的目的，人们认为需要一个几乎完全积极向上的环境，否则，孩子们的自尊心和自我价值观就会遭到沉重的打击（这些概念在西方人培养孩子的过程中非常重要）。许多西方父母对于失败带给孩子的影响非常担心。因此，为了避免失败带来的削弱性和摧毁性力量，父母们经常再三地告诉孩子们他们多么优秀，即使试卷或者钢琴凳上完全是另外一幅情景。

那么，表扬孩子的方式有好坏之分吗？

美国心理学家珍妮弗·亨德龙·柯普思 (Jennifer Henderlong Corpus) 和马克·雷普尔 (Mark Lepper) 认真分析了 30 多年来全球对于表扬所产生的影响的研究成果，他们发现，如果你认真、具体地表扬孩子可以改变的那些方面，表扬可以成为一种强大的驱动力。他们还发现，关键问题在于要通过表扬来鼓励孩子掌握某项具体的技能，而不是与他人进行对比。

他们还特别指出了非常微妙的一点，后来这也被一项深入的研究所证实：在你的孩子做一些轻而易举就做好的事情或者他们喜欢的事情时，不要对他们的成绩过度地进行表扬，否则，表扬很可能起到反作用。

荷兰乌得勒支大学进行了一项研究，他们询问了 700 多名父母和教师：假如有较高自尊心或者较低自信心的孩子画了一幅画或者解决了一个问题，他们会如何应对。结果证实，对于那些有较低自尊心或较高自尊心的孩子们，大人们会使用两倍的过度表扬的语言，因为他们知道，这样做可以提高孩子们的自我意识。这遵循的是西方父母的思想。

在实验的第二阶段，240 个 8~12 岁的孩子首先完成了一份用来衡量他们的自尊程度的调查问卷，之后，实验人员要求他们临摹一幅著名的画作，并告诉他们，会有专业的艺术家对他们的成果进行评定。之后，每个孩子会收到一个评论：表扬、过度表扬，或者不对其进行表扬——总之，不会对其进行批评。

接着，他们又给了孩子们两幅画作，让孩子们临摹。他们告诉孩子，其中一幅画比较容易临摹，但是他们从中学到的东西也比较少；而另一幅画更难一些，他们几乎不可避免地会犯错，但是他们肯定能从中学到很多东西。

那些自尊心较低、开始时被过度表扬的孩子——根据"表扬提升自尊"理论，这些孩子已经充满了自信——却最有可能选择临摹最简单的那一幅画。

很明显，那些自尊心较低的孩子们，一旦得到表扬后，更担心能不能再次得到这种高度的赞扬，因此他们接受更困难的任务的可能性就会更小，以防自己再也不能接受这种过度的赞扬。

不！这根本就不是我们本来的想法！所以，如果给予自尊心较低的孩子过度的表扬，面对可能的失败时，他们会选择规避风险，而不是更加充满自信地去尝试新的东西。

这样看来，父母们必须扪心自问，在孩子们的行为背后，他们实际付出了多少努力，同时父母们也应该密切关注，当他们给出表扬时，孩子们的真实反映，以防这种行为强化了孩子较低的自尊心，而不是加以改善。

说到塑造孩子的行为以及与他人交流的方式，通过表扬对孩子进行正面强化，是当下美国和英国的父母常用的技巧。有更好的方式可以培养出自信、独立的孩子吗？

也许我们应该把这些都放在一边，放眼东方……

老虎的愤怒

近几十年，在西方大众文化中，一直对东方的父母有一种刻板的印象，觉得他们给孩子的压力太大。

其中，最引人注意的要数"虎妈"，她们总是被描绘得冷酷无情，逼迫自己的孩子去成功，为了孩子的未来让孩子做各种准备。

在这些被夸大和恶意扭曲的故事之中，却能让我们瞥见一丝真实。

以中国为例。中国的父母更愿意相信，保护孩子最好的方式，就是帮助他们为未来做好准备。父母允许孩子们真正明白他们能做多少事情，确保他们能够具备相应的技能、习惯和不可动摇的自信心，这也就意味着他们可以应对成年人需要应对的事情。而且，这种观念代代相传。

从表面上看，这与西方父母的想法非常相似。

但是，东西方父母育儿的方式完全不同，更重要的是他们的出发点也不同。西方父母考虑更多的是孩子的精神和自尊，然而东方的父母却并非如此，他们关注力量，而不是脆弱。而且，学业优异的基础与智力的关系也与西方不同。孩子们的所作所为——而不是他们天生的素质或者他们的家庭——被看作是最重要的。

这种与美国存在细微差异的观点使得孩子们可以努力奋斗，他们往往从一个完全不同的角度来看待、学习、理解并最终掌握一门技能。在西方，努力奋斗往往表明你不够聪明，能力较差，做事没有天分；然而，在中国情况却完全不同，他们把这看作是取得成功的机会。因为他们认为，任何事情都不是不费力就可以得来的，因此奋斗的过程不会被贬低、隐藏或者通过过度表扬来掩饰。相反，它会被正面对待，被人们恰当地利用，作为掌握知识、技能的一种途径。

简单点说，奋斗，包括开始甚至一路上的失败，都被看作孩子在取得进步的一种标志，而不是给父母的一种信号，让他们拔苗助长、表扬孩子，甚至让孩子们放弃而去做比较简单的事情。

在实际生活中，这也就意味着，在那些人们比较重视的领域，比如数学、科学，孩子们可以通过努力和坚持来攻克最初的难题，进而得以掌握、提高，最终达到优秀。而这种努力和坚持会得到父母大力的支持，因为他们不会让他们心爱的孩子放弃任务、放弃自己。

但是在外界，特别是在那些将努力奋斗与缺乏天资联系起来的国家看来，这种方式充满着痛苦和压迫，于是一种被人曲解的刻板印象由此而生。当然，并不是说他们教育孩子只有这一种方式，与西方父母相比，许多亚洲父母也愿意通过自己的不懈努力，来尽量不让孩子们在这种斗争中被压倒。在我看来，他们投入更多是因为他们更在乎结果。

如果没有发掘和理解东西方教育基础的主要的不同点，也很容易看出东西方的育儿方式形成了两种不同的体系。

但是，哪个体系更好一些呢？从东方在许多领域取得的学术和技术成就的实例，我们可以得出结论，如果条件允许，西方的父母如果能够全面采用东方的育儿方式，将是明智之举。这主要取决于你如何看待"明智"一词的意思。

当然，每种哲学和相应的方法论都有它自身的优势和缺点。西方的父母担心他们的孩子无法与在许多领域都非常优秀的亚洲孩子竞争，同时，亚洲的教育者和家长们也越来越担心他们的孩子缺乏创造力，或者这种教育体系会抑制孩子们的个性和差异性，而这种个性和差异性通常是真正的创新思想和创新行为的催化剂——而这正是西方模式想要提供给年轻人的。

随着全球的联系越来越紧密，希望人们不要把注意力放在地方模式的刻板印象上，在育儿方面，东西方父母应该彼此学习和共享各自传统的观念。这样一来，我们的孩子将会充满天赋和创造性，快乐地工作和生活。

棉花孩子：让孩子冒险真的容易发生事故吗？

当今世界对孩子构成的威胁，是否比以往更甚？或者只是因
为如今的家长们更紧张？谁最擅长解决家长们的焦虑？

一个育儿故事

我儿子的幼儿园有一点非常不好。

不是幼儿园里有一位监管用餐的女士喜欢赌博，也不是他们有一位酗酒的女校长，而是真正的金属，没错，老虎钳！还有锤子和锯片。

我们的孩子路易斯三岁大的时候，一走出家门，他会自然而然地被那些锋利或是非常危险的东西所吸引，因此，金属就成了他最喜欢的东西。在他看来，金属中存在着无限可能，可以碾碎胳膊，可以砍断手指，还可以用来戳眼睛——他和我都知道这一点，因为他是在幼儿园，这都是合法的，他可以光明正大地这么干，很明显，对此我束手无策。

这一点不禁令我担心，在当今纠纷繁多、尽量规避风险的儿童保育领

域，如果有人安装了看上去如此危险的东西，肯定没人有耐心为得到许可而完成七八十万份的表格和评估，得到我充满信心的投票。

当然，在世界上的许多社会和文化中，孩子们在幼小的年纪就被赋予了巨大的自由和责任，而孩子们也会做出一些令人震惊的事情来回应。比如巴拉圭的"疼痛孩子"，不到八岁就能在浓密的雨林里进行定向越野比赛，展示他们寻找小路的技能。莫斯科的萨巴特克孩子，可以记住当地各种花朵的名字，看起来都超出了人类的极限。还有我在中国以及非洲的许多地区看到的牧羊的孩子，在那些无比荒凉的地区，幼小的孩子们使尽浑身的力气来驱赶那分散在宽广的大片草地上的巨大畜群，对他们而言，这简直比登天还难。

但是，在今天的发达国家，在到处是塑料制成的干干净净的幼儿园设备中找到一把老虎钳和一个锤子真是一件稀奇的事情。基于各种恐惧而颁布的各种规章制度，形成了一种溺爱流行症，不仅在学校，在家中也是如此。

至少新闻头条是这么说的。

在美国，人们创造了一个新词，"盘旋式育儿法"，是指担忧的父母们时刻监督着自己的孩子。一直以来这都是一种值得讨论的现象，而且，这种现象本身就令人担忧。

位于特隆赫姆的挪威王后大学学院 (Queen Maud University College) 挪威研究者艾伦·汉森·桑德斯特 (Ellen Hansen Sandseter)，已经找到了一种更为放松的方式来承担风险，保证孩子的安全，就是通过锻炼孩子的判断力，让他们知道自己能够完成哪些事情。孩子们所感兴趣的东西正是父母所担心的：高的地方，水，到远处走一走，锋利而危险的工具……很明显，我们的本能是让他们远离这些不安全的东西来保护他们，但是桑德斯特认为，对孩子来说，最安全的保护措施，就是让他们去冒险。

挪威人的研究进一步表明，让孩子去冒险后，危险的事故不仅不会增多，反而会减少，这是因为这样可以增强孩子们的技能，让他们学会做带有风险的事情。

当然，最明显的一点是，当你把这一规则运用到危险性较小的活动上时，比如运动或者数学，效果更为明显。因为孩子可能还不会正确地做某些事情，就不让孩子做这些事情，然后当他们长大一点儿，就直接、冰冷地让他们做这些事情。在所有的育儿方式中，这样做几乎都会被认为能导致灾难和失败。因为在这种情况下，人们感知到危险系数如此之高，往往会直接忽视这种危险。

数字计算错误是一回事，不知道如何过路又是另一回事。

在"事情并非原来的样子"的露营中，一个非常好的例子便是爬树，在过去，这是英国孩子主要的消遣方式。现在，如果你看到一个孩子正在爬一棵不是很高的树木或者橡树，消防队员很可能就在不远处。

欧洲一些我们的近邻已经成功阻止了这种远离风险的潮流，同时，他们也没有掉入这种守旧的"一切都健康、安全"的圈套，没有盲目地拒绝儿童安全意识中的每次进步。当一个蹒跚学步的幼儿从一个防护性较差的三楼窗户前掉下来时，他们认为这不过是一种品格培养。如果你还想不停地驾驶，那么看到你的儿子或者女儿从没有安全带的座位上被弹出挡风玻璃，可能就是你需要付出的代价。

当然，在这中间肯定有一个平衡点，而且，德国，还有瑞典等国家看起来已经在这方面做出了很好的榜样。在德国，五岁的孩子在森林幼儿园中用一把合适的小刀削木棍并不是什么稀奇的事情。在瑞典，三四岁的孩子沿着安静的街道骑自行车，也是常见的现象；他们爬到玩具房屋上玩耍，也不会有一群大人在旁边惊慌地大喊大叫。

然而，他们的儿童发生事故的概率也没有急速上升。实际上，正好相反。

儿童事故

联合国儿童基金会的一项重要报告，实际上是仅有的一份关于儿童事故率的报告，他们收集了大量的数据进行编纂，它有一个活泼的名字——儿童受伤死亡排名。这项报告主要是调查世界上最富有的国家中，儿童受伤导致意外死亡的情况。他们发现，从儿童事故率来看，瑞典是最为安全的国家。给我们的孩子更多的机会去冒险，他们受到伤害的概率就会更小，而不是更大，这种最初看起来违反直觉的想法，显得更为重要。

该报告同时披露了丰富的细节，详述了儿童所面临的风险究竟有哪些。它发现，在所有的发达国家中，外在伤害是造成儿童死亡的主要原因，1~14 岁的儿童中，有 40% 的死亡案例归因于此。在所有的经济合作与发展组织成员国中，每年有两万多儿童死于交通事故、溺水、坠落、火灾、中毒或者其他事故。

从全球范围来看，令人震惊的是，男孩受伤死亡的概率要比女孩高 70%。

在排名表中，瑞典、英国、意大利和荷兰居前四位，排名靠后的是美国和葡萄牙，这些国家的儿童受伤死亡率比处于前几位的国家高两倍，墨西哥和韩国紧随其后，儿童受伤死亡概率比处于前几位的国家高3~4倍。

研究显示，从世界范围来看，主要的死亡原因虽然大致相同，但是各个国家的具体情况又存在很大的差异，特别是具体到不同类型的事故，情况又更有不同。比如，在路面事故中，导致儿童死亡的主体，在美国、土耳其和澳大利亚主要是汽车司机，在英国、瑞士和韩国是步行的人，而在荷兰是骑自行车的人。

这么多的数据等待我们去消化，难怪人们不敢让孩子们走出自己的视线。虽然是10年前的报告，但是这份报告颇有影响力，而且由此而产生的头条新闻在世界上最富有的一些国家中一直备受关注。

从报告中我们也可以看出，意外和非意外伤害造成儿童死亡的可能性比较小，而且有逐渐降低的趋势。

对于发达国家15岁以下的儿童来说，每750个人中受伤死亡的人数大约为一人，这一概率比30年前的死亡概率的一半还要低。即便是在发达国家的道路上，这依然是造成儿童意外死亡的最主要原因，但近几十年来，儿童受伤死亡率也在逐渐下降。

许多国家的举措已经表明，社会的共同努力，可以显著改善儿童受伤死亡率。例如，瑞典（又是瑞典）为了将道路交通事故死亡率降低到零，发起了"零伤亡愿景"运动。这确实是一个雄心勃勃的目标，但是他们的一系列措施，比如建设更安全的十字路口、过街天桥，让车流远离学校和居民区，加强监管等等，这些举措使得道路交通中七岁以下儿童的死亡率骤降。1970年，有58个孩子死于道路交通事故；而到2012年，只有一个孩子死于道路交通事故。

加拿大的举措更简单，却带来了巨大的改变。他们把一段时间内每次事故的具体数据收集起来，然后详细分析原因。

结果，之前存在的一系列问题得到了妥善处理，比如他们颁布了新自行车主佩戴头盔的法律；保证操场器械设备的安全；关注大型越野车的影响；还有蹦床、跳板以及其他相关的事物的安全问题。除此之外，在发现婴儿学步车成为儿童杀手后，加拿大甚至成为世界上第一个禁用婴儿学步车的国家。他们也不三令五申，但是，如果他们发现你恰好有一辆婴儿学步车，你就会被处以 10 万美元的罚款或者被判处六个月的监禁！

早在 20 世纪 70 年代，纽约就发起了一场名为"儿童不会飞"的运动，呼吁城市的窗户上安装防护栏。没过多久，儿童从窗户坠落所导致的死亡事件就减少了 50%。

犯罪率的下降

好了，别再担心交通事故了，想想那些坏人们吧，世界真是变得越来越糟糕了——孩子们，赶快，躲到柜子里去！

24 小时的新闻报道永不停歇，各种社会媒体不停地告诉我们，几乎所有的犯罪都在不断地发生在每个人身上。尽管如此，世界上各种类型的犯罪率正在呈显著的下降趋势。

下降的原因和方式依旧是个谜，但是世界上出现了一种"枪"，确切的说是不冒烟的"枪"——一种汽车排气管形状的枪。

1921 年，在实验室里夜以继日地工作的美国工程师、化学家托马斯·

米基利（Thomas Midgley）研制出了一种四乙基铅，可以使得新型的汽车引擎效率更高。

此后的很长一段时间，发达国家的犯罪率不断上升，其中以含铅汽油为动力的汽车数量最多。随后，铅开始从燃料中废除。结果，形势出现了逆转——广义的犯罪行为从此呈现下降趋势。

巧合吗？慢慢地，社会科学家不再这么认为。针对各种犯罪行为，许多国家使用了完全不同的政策，有的甚至与邻国截然相反，而结果却没有太大差异——犯罪率已经下降到一个类似的概率。如果你住在一个犯罪率比平均数高的国家，那么这个国家犯罪率已经下降；如果是在犯罪率低的地方，它的犯罪率也在下降——一致的是，如果以前你们的大气中含有较多的铅，现在没有那么多了，那么犯罪率就会下降。

根据 20 世纪 70 年代的研究发现，如果孩子们在学校或者家中碰到了含铅的颜料，手指甲中留下了一点点，他们在吸吮手指时就有可能中毒（美国俄玄俄州辛辛那提大学的德瑞克（Kim Dietrich）教授与其同事通过对比 250 位小孩血液铅浓度与成年后犯罪的逮捕记录发现，铅中毒的情况几乎与犯罪趋势相呼应。他的研究小组通过研究发现，小孩受到铅污染，可导致永久性的脑部伤害，在脑部有成群的细胞死亡，这可能引发成年后的犯罪行为。——编者注）那么，全球成千上万的汽车喷出的含铅的尾气除了形成污染环境以外，还有其他的副作用也就不足为怪了。

虽然说看起来我们现在生活的这个世界对我们的孩子而言更为危险，尽管我们觉得最好的方式就是像老鹰一样看着他们，不让他们走出我们的视线，但是其实大可不必。而且，从长远的角度来看，这种"盘旋式育儿法"

不是最佳的选择。

此外，美国波士顿学院教授彼得·格雷(Peter Gray)博士，在《玩耍精神》(*Free To Learn*)一书中提出这一设想：如果身为父母的我们不放手让孩子在一个没有大人监管的环境下玩耍、想象、交流和互相学习，那我们可能会创造出一个到处都是自恋狂的世界。

与其他人一起玩，没有大人介入，是孩子们建立移情能力的主要方式。在一种平等的环境下与他人一起玩，才能明白采用何种方式应对才能够尽量不让对方拿起他们的球回家去。正如格雷博士所言："与其他孩子一起玩的时候，你必须在令自己愉悦的同时也令他人愉悦，这就意味着你必须站在对方的角度，去想一想他们喜欢什么，不喜欢什么。"

如果父母们在问题发生之前就帮孩子缓和了这些事情，而不让他们自己去经历这种重要的学习曲线，那么他们就跳过了一项重要的学习技能。这可能会导致孩子无法与他人好好相处，更不必说建立长期、深刻、有意义的友谊。

这样看来，也许开着的窗户或者危险的陌生人不是我们最应该担心的，我们应该关注的是孩子们的约会——现代的育儿偏见使得孩子们在一起玩耍时，大人才是真正的主角，他们总是在旁边观看，真正玩耍的不再是孩子。

也许我们试着放弃这种习惯后，就会发现孩子们自己能够左右自己的世界。

惩罚："等你爸爸回来吧！"

体罚是否真的毁了孩子？淘气角是否解决了所有问题？

从打屁股到淘气角

有一天我突然在想，这几年，我们家里根本就没有淘气角，我们是怎么过来的呢？淘气角是一种现代的创新，在风靡全球的经典育儿节目《超级保姆》（*Supernanny*）中首次出现后，以光一样的速度成为成千上万的父母用来惩罚孩子的方式。

当然，这只是给旧的概念起了个新的名字，其核心是排斥思想，而不是孩子的内心对于楼梯间的恐惧。

这种方式的存在并不是说在30多年前没有必要，而是，在那段时期，另一种惩罚方式长期占据主导地位——手。

近年来，在某些社会文化中，体罚孩子的方式已经不再流行（当然，这种方式在许多地方依然存在而且盛行），但是它的历史由来已久。

从印度到中国，从古印度到雅典，从土著居民统治的美洲到罗马，孩子们经常被打，特别是在正式教育中。

到了中世纪，老师的手中总是有一根木棍，在学校挨一通打是男孩或者女孩生活中必要的一部分。1963 年，英国哲学家约翰·洛克（John Locke）写下了《教育漫话》（*Some Thoughts Concerning Education*）一书，明确地批评了体罚在教育中的应用。这一著作在欧洲产生了深刻的影响，使得波兰在 1783 年成为第一个禁止教学中使用体罚的国家。波兰人这一惊人的举动，形成了一股在学校中禁止体罚的涓涓细流，如今这一现象仍在继续。

其中提到的一种主要观点是，在学校使用藤条、皮带或者拖鞋进行体罚，是因为这些东西使用起来方便快捷。支持者指出，学生们接受完惩罚后就可以接着回去学习，同时，老师的时间也不会浪费，他们不需要再去监督课堂。

真的假的？我看不明白，但是持反对意见的人比较多，有的人甚至认为，不管在什么情况下，这种方式都非常严重。

许多研究已经将体罚和负面的生理、心理和教育问题联系在一起，包括在课堂上喧闹、打斗、破坏公物、抑郁、注意力缺陷、成绩差、缺少自尊心、焦虑、自杀等诸多问题。

那么，孩子们在家中的情况又是如何呢？虽然相关的记载非常少，但人们推测，儿童在家中遭受体罚的情况跟在学校差不多。

直到 1979 年，瑞典宣布在学校和家中对儿童进行体罚为不合法行为，从此，体罚儿童朝着全面禁止的方向发展。截止到 2014 年 12 月，全世界共有 44 个国家宣布在境内所有地区对儿童进行体罚为不合法行为。

全部禁止体罚儿童行为的国家

国家	年份	国家	年份
爱沙尼亚	2014	委内瑞拉	2007
尼加拉瓜	2014	乌拉圭	2007
圣马力诺	2014	葡萄牙	2007
阿根廷	2014	新西兰	2007
玻利维亚	2014	荷兰	2007
巴西	2014	希腊	2006
马耳他	2014	匈牙利	2005
洪都拉斯	2013	罗马尼亚	2004
佛得角	2013	乌克兰	2004
马其顿共和国	2013	冰岛	2003
南苏丹	2011	土库曼斯坦	2002
阿尔巴尼亚	2010	德国	2000
刚果共和国	2010	以色列	2000
肯尼亚	2010	保加利亚	2000
突尼斯	2010	克罗地亚	1999
波兰	2010	拉脱维亚	1998
列支敦斯登	2008	丹麦	1997
卢森堡公国	2008	塞浦路斯	1994
摩尔多瓦共和国	2008	奥地利	1989
哥斯达黎加	2008	挪威	1987
多哥	2007	芬兰	1983
西班牙	2007	瑞典	1979

然而，在其他一些地方，体罚现象依然十分普遍。

在美国，有部分地区废除了体罚儿童的措施，部分地区规定不得惩罚某个年龄段的儿童。但是从整个国家来看，在家中体罚儿童依然是合法的。有 31 个州以及哥伦比亚特区禁止体罚儿童，其中，爱荷华州和新泽西州，将这一禁令扩展到了私立学校。

在现实生活中，体罚现象在美国的学校和家庭中依然非常普遍，1977年，最高法院对于"英格拉哈姆诉怀特案"（Ingraham v. Wrigh）的裁定，负有部分责任。案件的受害人詹姆斯·英格拉哈姆，是佛罗里达州一个 14 岁的学生，据说他违背了老师的命令，擅自离开了学校的讲台。然后英格拉哈姆被老师用木棍打了 20 多下，许多天卧床不起。

他的父母起诉了学校，称其违反了美国宪法中的第八修正案，其中明确规定："禁止施予残酷且不寻常的惩罚。"并称学校不予英格拉哈姆履行"法律诉讼程序"的基本权利。但是法官支持学校的体罚行为，认为它符合宪法的要求。

在加拿大，对 3~11 岁的儿童进行体罚是合法的，但是除了手掌之外，其他器具是不允许的。

在英国，虽然法律不允许学校体罚学生，但是在家中体罚孩子是合法的，不过不能在孩子的身体上留下印记。

说到这一问题，法国更是一个有趣的国家。在家中体罚孩子是合法的，在学校里体罚孩子也非常普遍——虽然法律禁止体罚儿童，但是实际上并未起到任何作用。

儿童基金会声称，在 75% 的家庭中，父母会动手打孩子。一项调查研究通过采访 1000 位法国父母，询问他们对于体罚的态度以及采用体罚措施的情况，结果表明：70% 的父母承认他们曾经"疯狂"地打孩子的脸；87% 的父母打过孩子的屁股；32% 的父母曾经给过孩子"响亮的"耳光；4.5% 的父母曾经用其他物体打过自己的孩子；只有 7.9% 的父母从未对孩子进行任何体罚措施。

设在巴黎的欧洲家庭联盟（Paris- based Union des Familles en Europe）对儿童的进一步调查显示，95% 的应答者曾经被体罚过。同时，调查也显示，70% 以上的孩子声称体罚是他们生活中稀松平常的事情，半数以上的孩子甚至认为这是他们自己造成的。

难道这就是他们不乱丢食物的原因吗？

正面管教

伊丽莎白·格肖夫（Elizabeth Gershoff），来自德克萨斯大学的一名发展心理学家，主要研究体罚对于儿童发展的影响，她对于最近关于体罚儿童的研究进行了评论。

在题目为《打屁股和孩子的发展：我们已经知道是时候停止打孩子了》（*Spanking and child development: we know enough now to stop hitting our children*）的论文中，她总结道，打屁股会破坏孩子的心理健康，增加不良和犯罪行为，使孩子更有可能遭受身体虐待。她同时也调查了不同的种族和文化是否会产生不同的结果。

事实证明，没有任何不同。

研究发现，从本质上讲，无论你在地球上的哪个地方，无论你的文化、历史或家庭背景如何，打屁股都会提升孩子的攻击性。

即使有再多的研究也不可能让体罚一夜之间从成千上万的孩子们的日常生活中消除，但是，当各个国家慢慢地废除这种旧习，有什么技巧和方法可以用来管束孩子呢？当我们的墙上布满了蜡笔涂鸦，我们被气得火冒三丈，这时候我们应该使用淘气角还是其他孩子们不希望的方式？

在中国，惩罚主要基于古代的儒家思想：婴儿是上天赐予的，人之初，性本善，这种善行值得尊敬。这种概念使得家庭之间形成了互相依赖的习惯，要求年长的人要教导、训练、培养和约束孩子们。

在英国，老一辈中的许多人会认可共同承担责任的培养方式，就是"集全村之力"的概念。在过去的英国，每个人都认为自己有权利——实际上是责任——帮助其他人的孩子规规矩矩做人（不得不说，这种教育通常夹杂着一记耳光）。无疑，这种共同抚养、共同关注的广泛概念，已经被当今的都市人所丢失，尽管它在世界上的其他地方依然存在，特别是广大的农村地区。

在日本文化中，神道教的传统教义认为，七岁以下的孩子都属于神灵。为了让这些神灵开心，孩子们经常会被宠爱和宽容地对待，这样他们才不会决定返回天上。

这种信仰在日本的现代育儿过程中依然存在。经常由母亲负责管束孩子，但她们很少生气，而是把重点放在向孩子们解释行动的后果上。

撇开这些古老的哲学，我们看到，当前正有一种新的现象在城市中出现——它开始质疑淘气角的管教方式是否恰当。

这就是所谓的"正面管教"，它迅速成为一种流行的草根文化，得到了美国和澳大利亚的那些反对体罚孩子的父母的青睐。它旨在教育孩子学会自我控制和同情他人，同时，也鼓励父母们更多地思考造成孩子不良行为的原因，而不是仅仅思考如何应对。

人们开始怀疑积极暂停方式，比如淘气角的设定。他们认为，为了让孩子以后的表现更加良好而此刻感觉更糟糕，是一种非常愚蠢的行为。澳大利亚婴儿心理健康协会已经做出了进一步的研究，研究表明，"积极暂停"的手段并不适用于三岁以下的孩子，因为这一年龄段的孩子还无法控制自己的情感，因此暂时隔离不会让他们学到任何教训。

贿赂（如此刺耳的一个词——也许应该说是奖励）也已经不再被父母所采用，因为这样只会让孩子得到物质上的东西，而不会让孩子为自己的所作所为而真正自豪。

这种新的育儿体系提倡"正面管教"，不让孩子回到他们的房间，而是让孩子们到"淘气角"去反思自己。重要的是，父母也需要静静地想一想，如果他们总是因为某个问题而受伤，却没有想清楚到底原因何在——我们都知道，这在我们的日常生活中经常出现。

当大家都安静下来，就能够找出解决问题的方法了。

如果这还不行，那么你不妨也加入淘气角，跟孩子一起在那里建立家园。

围绕着惩罚儿童，特别是体罚儿童的问题，人们的意见存在很大的分歧——风靡全球的澳大利亚小说《一记耳光》（*The Slap*）就是一个绝佳的证明。

也许最后我们应该引用伊顿公学（Eton College）校长托尼·利特尔（Tony Little）的话。历史悠久的伊顿公学，可以说是"体罚学生"的代名词，它过去曾经将星期五定为"鞭打日"。托尼·利特尔校长在管理前几代人时，可以称得上是英国的"首席体罚官"。但是面对《每日电讯报》(*the Daily Telegraph*)，他却说出了下面的话：

"我当校长已经20年了，我从没觉得体罚是一种有益的震慑性力量，或传达信息的方式。它是一种无效的方式。

经过了时代的转变，人们现在已经不再考虑这种方式了。我们通过生活和学业来教导那些孩子们尊敬他人。

体罚是一种不合适的方式。"

○ 一位家长的话 ○

众所周知，法国的孩子"不会到处乱丢食物"，这是因为在法国文化中，食物非常重要，没有孩子拿食物玩耍！

在典型的法国家庭中，约束开始于餐桌。家庭聚餐仍然是生活中的一部分，孩子们要端坐，举止大方，把两只手放在餐桌上（而不是手肘），要使用叉子或勺子吃盘子里的饭菜，或者等下一顿饭。

1968年，出现了一系列的改变，旨在推行更为宽松的教育方式（这时候父母们开始上街反对传统文化），但是许多法国父母依然相信，早点儿为孩子设定规则和界限对每个人都有好处，越早学会如何守规矩、如何控制自己，对孩子的成长越好。

学校体系也比我在英国时接受的教育更为正式——留给孩子们很少的空间表达自我和创新，更多的是用来学习数学及其他系统的学科。

而教育孩子的方式与英国的方式很相似：淘气椅或者时间暂停（我们称其为"Aller au coin"）是常用的方法，常见的威胁和惩罚方式有：一周不许看电视、拿走一件他们喜欢的玩具、没有睡前故事、不许跟其他小朋友玩……也许不同之处就在于我们说做就做，孩子们知道这一点（威胁很快就会变成现实，这足以让他们认真对待）。

我小时候，体罚是一件很常见的事情，但是如今的法国，这种方式已经不再广为流传，只有一部分非常传统的父母会采用这种方式来惩罚他们的孩子。美国人往往认为体罚是一件很恶劣的事情，然而，在法国，人们对于打在屁股上的巴掌却没有那么糟糕的感觉。虽然从个人的角度来讲我很少用这种方式，但它对于孩子来说仍然是一种可怕的威胁！

安妮·塞西尔（Anne-Cecile）——法国

世间智慧——思想的形成

心理学家认真分析了30多年来全球对于表扬所产生的影响的研究成果，他们发现，表扬可以成为一种强大的驱动力——但是人们必须采用正确的方式。

父母应该真诚、认真、具体地表扬孩子可以改变的地方。要通过表扬来鼓励孩子掌握某项具体的技能，而不是与他人进行对比。

然而，家长在表扬孩子时要找到一个平衡点。在你的孩子做了一些轻而易举就能做好的事情或者他们喜欢的事情时，如果你对他们取得的成绩过度地进行表扬，很可能会起到反作用。同时，如果自尊心较低的孩子被过度表扬，他的内心就会产生对失败的恐惧，而不是信心。

东西方孩子的学习和发展的方式，其核心存在微妙的差异，但是这种差异却非常重要。

在西方，人们往往将努力奋斗与缺乏天资联系在一起。然而在许多亚洲国家，他们把这看作是取得成功的机会。因为他们认为，任何事情都不是不费力就可以得来的，因此奋斗的过程不会被贬低、隐藏或者通过过度表扬来掩饰。相反，它会被正面对待，被人们恰当地利用，作为掌握知识、技能的一种途径。

挪威的研究者已经找到了一种更为放松的方式来承担风险，保证孩子的安全，减少而不是增加安全事故。通过冒险，孩子的判断力和知识得以改善。通过做一些具有危险性的事情来发展他们的技能，进而保证了他们的安全。

1783年，波兰成为第一个禁止学校使用体罚的国家。1979年，瑞典宣布在学校和家中对儿童进行体罚为不合法行为，从此体罚儿童朝着全面禁止的方向发展。如今共有44个国家宣布在境内所有地区对儿童进行体罚为不合法行为。

在美国，有部分地区废除了体罚儿童的措施，部分地区规定不得惩罚某个年龄段的儿童，但是从整个国家来看，体罚儿童依然是合法的。

PLANET
PARENT

第七章

最后一站

世界上哪个国家的男性在家中比女性更顾家呢？

你是怎么看待让祖父母帮忙带孩子的？

不同国家青春期的孩子的表现都一样吗？

导致越来越多的"啃老族"出现的原因是什么？

现代父母

对于如今的夫妻关系，当婴儿炸弹爆炸后，哪里的夫妻关系处理得最好？是否有些地方父母的地位比其他地方的更平等？

对于大部分家长来说，育儿问题的核心就在于处理好为人父母（特别是母亲）和工作之间的矛盾。

我们可能会想，将工作和照顾孩子结合起来是一个相对较新的问题，生完孩子后回去上班是近年来才出现的现象。但实际上，它已经有数百年的历史，而且在世界上那些以农业为主要生产方式的地区，这种现象依然存在。

例如，尼泊尔塔芒族的许多女性，分娩后一到两周就会去农场干活，他们照看庄稼和牲畜的时候，会把她们的宝宝放在篮子里。劳动力缺少也就意味着她们必须马上回到田地里，在育儿方面她们没有其他的选择，只能把孩子留在家里由大一点儿的孩子来照看。等孩子稍大一点儿，可以帮忙干活了，她们只有两种选择，要么让很小的孩子来照看婴儿，要么自己一边背着孩子，一边辛苦地干活。这就是当地的真实情况。当今世界上仍

然有 10 亿多人每天的生活费不足 1.25 美元，因此，这样的情景在世界上
的许多地方都很常见。

虽然世界上发达国家的经济相对比较繁荣，但是在过去的几十年，也
酝酿着另一种系统性的育儿问题。问题的起因在于人们的寿命越来越长，
但是孩子的数量却越来越少。这两种趋势使得技术劳动力不断减少，经济
增长幅度也不断降低，根据经济学理论，这种现象会迅速导致发达国家人
民生活水平的降低。

我们也在劫难逃！

但是，不用害怕，妈妈在呢！至少从长期来看，经济的增长主要取决
于妈妈这一角色，这是商业领袖和经济学家等重要人物得出的结论。

别有压力。趁着你还有机会改变世界，好好培育下一代，拯救世界经
济吧。

世界上哪个国家的男性比女性更顾家？

经济合作与发展组织的一项题为《婴儿和老板》（*Babies and Bosses*）
的研究中提到："在许多工业化经济中，女性（特别是母亲）对于保持经
济增长、确保更广泛的持续性养老金和社会保障制度越来越重要。"

经济合作与发展组织关于 2013 年发达国家中就业女性所占比例的数
据，表明了有很多国家在接受这种挑战（当然，并不是所有女性都是母亲）。
其中，在希腊，女性在就业总人数中所占的比例为 41%，丹麦、荷兰、挪
威、瑞士和瑞典超过了 70%，冰岛位居榜首，为 78.5%。

实际上，在一些欧洲国家，相比那些没有孩子的女性，已为人母的女性更有可能被雇佣。在美国 40% 的家庭中，母亲是唯一或主要的经济支柱——这一比例近乎 1960 年的四倍。

虽然在就业方面世界正朝着男女平等的方向发展，但这并不意味着在家务方面男女平等。

在英国，从总体来看，人们生活在一个男女平等的时代。显然，夫妻双方必须通过平等的方式决定其中的一方必须挑起家庭的重担，提供全家人所需的面包。

我的一位男性朋友认为他自己（反正是我们谈话时他亲口说的）会尽好自己在家里的责任。而且，有的人会问：在这个世界上，英国的男人是不是在家中最努力干活的男人？

那么，世界上哪个国家的男性比女性更顾家呢？

好的，首先从澳大利亚说起吧。

总是充满好奇心的经济合作与发展组织，近期对 29 个国家的家务和育儿等"无报酬经济"以及这些家务活动的主体进行了调查。

与我们对澳洲男性的"大男子主义"印象不同，研究发现，澳洲或新西兰地区的男性平均每天花 69 分钟在家中照顾孩子，而英国的男性在家中照顾孩子的时间平均为每天 63 分钟。

千真万确！

然而，与丹麦人比起来，这根本不算什么。丹麦男性在这方面名列榜首，他们每天在家中照顾家庭事务的时间接近三小时。而韩国的男人则排在最后，每天花在家庭事务上的时间少于 50 分钟。

除了爸爸们的扫地、洗盘子负担的排名，报告中还指出，虽然在经济合作发展组织所调查的每个国家中，男女都处于平等地位，但是，女性，不管工作与否，做家务和照顾孩子的时间都会比男性要多。挪威女性用在照顾孩子和做家务上的时间将近四小时，而在印度、土耳其、葡萄牙和意大利，这一数字上升到了六小时。

　　总的来说，大多数发达国家未来的经济安全，包括养老金在内，掌握在那些养育孩子、花最多时间来照顾孩子并为孩子提供住所的人手中。

儿童托管——你付出了多少钱

　　无数的女超人最需要的就是价格适中、方便可用的儿童托管中心。对于这一点，世界上所有的国家肯定都会赞同。

　　但事实并非都是如此。

　　例如，在英国的家庭，一年中付给儿童托管中心的费用比房贷的按揭费用还要高。一份家庭和儿童托管信用报告指出，如果一个家庭中有两个孩子，两岁的孩子在一所每周 25 小时的幼儿园上学、五岁的孩子要去上课外辅导班的话，那么这个家庭每年支出的费用要 7549 英镑。而英国平均每年每个家庭的房屋按揭费用为 7207 英镑。

　　我不是社会经济学专家，但是在我看来，这些都让人无力承担。从2002 年起，英国每年的儿童托管费用的增幅都要超过通货膨胀的速度，因此，现在英国工薪收入的 1/4 以上都用于育儿。这一比例比其他的国家都要高，除了瑞士。

经合组织成员国儿童托管情况

国家	占净家庭收入比例（%）	国家	占净家庭收入比例（%）
瑞士	50.6	法国	10.4
英国	26.6	荷兰	10.1
爱尔兰	25.6	丹麦	8.9
美国	23.1	韩国	8.5
新西兰	18.6	芬兰	8.4
加拿大	18.5	捷克共和国	6.6
日本	16.9	卢森堡	5.4
澳大利亚	14.5	冰岛	5.0
斯洛文尼亚	13.7	葡萄牙	4.8
奥地利	11.8	波兰	4.8
德国	11.1	西班牙	4.7
以色列	11.0	比利时	4.7
挪威	10.8	瑞典	4.7

延续以往的风格，在这方面，瑞典走了一条与大多数国家完全不同的道路。他们资金充足的社会保障制度，不仅使得人们负担得起儿童托管费用，也允许父母可以经常离开工作岗位去陪伴自己的孩子。一个月的儿童托管费用仅仅 110 英镑，而且父母的带薪产假加起来共有 480 天。

毋庸置疑，这一体系颇受人们的欢迎，但是它需要付出相应的代价，需要一种文化途径，不知道这种方式在斯堪的纳维亚以外的地区是否受欢迎。瑞典每年用于学前儿童托管的费用比它的国防预算还要多。

人口不足 1000 万，每年的父母福利津贴大约为 30 亿英镑，他们靠纳极高的税费来建立一个社会乌托邦。而这些正是他们一次又一次能在投票箱前投票赞成的原因。

从理论上来讲，如果你想体验一把为人父母的感觉，瑞典是最佳的去处。那么，哪个国家是最差的呢？难道是日本？

日本有着残酷的工作环境，工作时间和管理都非常严酷，因此 70%的日本女性生完第一个孩子后，马上就会选择辞职。说到做家务和照顾孩子，日本的男性也远远落后于其他国家的男性。研究显示，在日本，父亲在家陪孩子的时间平均为每天 15 分钟。

说到陪产假，虽然日本的男性享有这一待遇，但是由于工作环境的压力，只有极少数人会休陪产假——根据日本健康、劳动和福利部的数据，日本真正休陪产假的男性只占到了 2.63%。

除了极端的斯堪的纳维亚地区，以及远东的“老虎经济体（the tiger economies）”，在当今世界中，当其他夫妇想要踏入为人父母的“洪流”时，会遇到什么呢？

婴儿炸弹

在产妇即将临盆时，女性行为准则明确禁止任何人没头没尾、绘声绘色地描述什么宫缩啦，产钳、缝针啦，因为这样可能会把孕妇的裤子吓掉。

当产妇预产期临近时，人们会提供一些让她们觉得被折磨的信息，而人们最初的目的却是想缓和她们的情绪，如果这也能被整个社会所接受，那我们究竟生活在一个什么样的世界中啊？也许是一个非人类的世界。

但是，在育儿的另一个领域，被折磨的信息被保留，愉快被唤醒，困难也被遗忘，这就是"婴儿炸弹"，也就是 9 磅的快乐对于人际关系所带来的爆炸性影响。

每个人都会预料到会有改变和破坏，他们当然会如此——但是兵来将挡，水来土掩。不就是几个夜晚睡不好觉吗？能多糟糕啊？

许多已为人母的读者都知道，答案很糟糕，特别是你们俩都要早起工作的时候。

但是，我们现在谈论的不仅仅是睡眠的缺乏，或者银行存款余额的减少，我们要讨论的是起初把这个宝宝带到世界上的那个关系的基础。

上两代人之前，在大多数国家，婚姻契约非常清楚，而且已经有上百年的历史——爸爸外出工作，妈妈在家带孩子。这种后工业革命时期的安排非常清晰，却令人不快乐，它使得许多父亲错过了孩子的成长过程。但是，近年来，这种模式一直在改变，现在，夫妻双方往往共同承担责任。

我们也已经看到，要实现真正的男女平等，还有很长的路要走。不论在家中还是工作场合，母亲往往承担着较多的责任。但是在大多数工业化地区，越来越多的将要为人父母的人认为，拥有孩子是一种联合投资，需要父母双方共同的投入。毕竟，如今夫妻双方往往会一起制定假期计划，共同买车——至于钱嘛，根据数据显示，女性是主要经济支柱的家庭的数量每年都在攀升。

我们越来越生活在这样一个社会：在很远的将来，我们这种麻烦的小物种的两种性别，至少能够生活在一种类似公平的环境中。

然后宝宝就闯入了他们的生活。这种现象历年来从未有所改变。他嗷嗷待哺，他就在这里，他不会读杰梅茵·格里尔（Germaine Greer，西方著名的女权主义作家、思想家和勇敢的斗士，近代女权主义先驱。——译者注）。

突然间，这位妈妈"一夜回到解放前"。不管她的伴侣能不能帮上忙，她生活中的其他部分在很长一段时期内都会被遗忘，只因为婴儿床上美丽至极却又无比缠人的小不点儿。

家庭的正常运转：做饭、打扫卫生、洗衣服。在宝宝到来之前，也许双方共同分担家务，但是对于整天在家中处理大部分家务的母亲来说，这确实是一种无法言说的压力。

对于妈妈们来说，这些家务活令人心烦、紧张，似乎永远都做不完。这些也会对父亲产生一种连锁效应，他们心中的理想状况会改变其态度和脾性。他想尽力帮忙却被拒绝，他说自己工作了一天非常辛苦却被嘲笑，他开始困惑，不知道应该如何应对出现在他们生命中的两个人。

然而，事实上，对于夫妻双方而言，一个宝宝的降生改变了一切，需要他们从根本上调整夫妻双方的关系，这不仅仅是最初的一个月或者一年的改变，而是永久的改变。

在这一混乱的改变期，双方需要的是耐心、幽默感和互相体谅——三天缺乏睡眠后，这些就变成稀缺品。但是，别担心，一旦度过最初熬人的几年，快乐和幸福就接踵而至。

许多发达国家的大量学术研究表明，在生命的各个阶段，为人父母者并不比没有孩子的同龄人更加幸福，而且在许多情况下，他们更为悲惨得多。

2002 年诺贝尔经济学奖获得者，美国人丹尼尔·卡尼曼（Daniel

Kahneman），做过一项重要研究，他调查了德克萨斯州的大约 1000 名女性，发现在 19 种活动中，根据人们的喜爱程度排序，陪伴和照看自己的孩子排在第 16 位。人们宁愿烹饪、看电视、运动、煲电话粥、小睡、逛街，甚至做家务，也不愿意跟孩子待在一起。

在相关的调查中，这样的结果经常出现，而且调查还显示，孩子的降生往往会降低婚姻满意度。

英国华威大学经济学家安德鲁·奥斯瓦德（Andrew Oswald）对英国成千上万有孩子的人与没有孩子的人进行了比较研究，得出了这样的结论：比起那些没有孩子的人，成为父母没有让你变得更高兴，也不会让你变得更沮丧。除非你有多个孩子，但是，那样一来，你就踏入了不快乐的地盘。

这样的研究数不胜数，其中美国非常注重研究为人父母不快乐的一面。

美国父母总是这么愤愤不平、沮丧失意吗？也许不是。工业革命之前的美国，父母喜欢他们的孩子，孩子们也有自己要做的事，当然不是将一桶桶的幸福传递给父母，实际上孩子们传递的是一桶桶的土豆，因为他们会在农场中工作，也会帮着父母做家务。今天，在许多非发达国家，许多孩子依然这样做。

这是现在的许多人们感到不满足的核心原因吗？今天，我们养育孩子不是为了生存的需要，而是出于情感层面的原因，而且我们希望这种情感回报永远都是正面的。

当我们的工作和生活越来越复杂和碎片化，也就意味着人们的期望在不断提高、满意度下降，人们的内心变得不稳定。

美国威斯康星大学麦迪逊分校 20 年前进行的一项研究表明，与 20 世纪 50 年代相比，20 世纪 70 年代的父母所承受的压力显著增大，原因在于就业结构的变化。

而与 20 世纪 70 年代相比，当今世界更复杂、节奏更快，人们的要求也比那时候提高了更多，特别是涉及到"幸福"这一概念时。说到我们心中为人父母的样子，很容易就看到我们在哪些方面有点儿迷失方向。

祖父母一辈

在哪些地方，越来越多的头发花白的老爷爷、老奶奶，更可
能坐在高速行驶着的汽车里，而不是推着婴儿车？

奶奶什么都知道！

接下来我们会探讨一下当今世界祖父母一辈的人。但是在这之前，我
们必须承认，在育儿甚至说是人类进化方面，他们是至关重要却未被人们
所承认的角色。

越来越多的证据表明，在繁衍和发展方面，如果没有老一辈的人，我
们也许依然处在低端灵长类动物的队列中。

大约三万年前，能活到 30 岁的成年人的数量显著增加。之后不久，
人类的各个方面——从艺术表达形式到食物生产，再到工具和武器的制
造——有了实质性的提高。

我们的大脑被真正地激活。此外，美国中央密歇根大学的人类学家

认为，上了年纪的人对于文化发展有着重要作用，是他们带领人类走到了今天。

没错。爷爷奶奶们肩负着让人类成为地球主人的责任。怪不得他们总是要坐下来。

人类的寿命越来越长，数量也随之增长。科学家对坦桑尼亚以狩猎采集为生的哈扎人进行了研究，他们观察到，在那里，精明的奶奶们知道去哪、采用什么样的方式采集食物才能养出健康的哈扎孩子。由此，科学家认识到，正是这一点，才让我们的祖先得以兴旺繁荣地发展。

研究者指出，那时候死于分娩的女性非常多，偶尔会有身体素质比较高的女性生存下来，她会帮助她的女儿搜寻和挖掘食物。当这些妈妈或者奶奶的团队越来越大，她们的基因被遗传下去，老年人的数量也开始缓慢增长。

当然不只是奶奶们的力量，优秀的爷爷们也以他们的方式参与了这一进程。一项针对世界上各地区的化石遗迹以及人类进化阶段的研究表明，我们的祖先中只有非常少的一部分能够活到 30 岁。有智慧的人在非洲发展进化，并于大约四万年前移民到欧洲。研究者对其进行研究时发现，在人类进化史上相对较晚的一个时间点上，成年人的存活率开始增长。

事实上没有人确切地知道其中的原因，无论这种改变背后的原因是什么，它实质上的作用是为这个世界创造了许多老年人。这些老年人不仅阅历丰富，而且寿命很长，可以把自身的经验传给孩子的孩子。

这不仅仅是说他们知道最好的水坑在哪里，老年人建立友谊、解决纷争并且传递智慧。事实上，他们做的是把琐碎、无趣的事情变成了类似今天的模样。这一切，都从他们帮自己的孙子孙女开始！

今天的祖父母一辈

今天，在养育孙辈方面，世界各地的祖父母所充当的角色完全不同。

在有些文化中，祖父母在家庭中依然起着非常重要的作用。例如，在传统的美国原住民文化中，部落中的老年人和祖父母等负有养育孩子特别是教育孩子的重要责任。文化背景、精神意识、亲情纽带等，代代相传，被人类所珍视。部落中的老年人努力将这些因素传递给现代社会中通常居住在城市里的孙辈们。老年女性在这方面有着特别重要的地位，正是她们给了年轻人所需的文化素养。

他们经常让孩子们多跟自己在一起，这样一来，孩子们可以体验美国原住民的生活方式。典型的情形是祖母强势地引导和祖父温和、深情的方式相得益彰。

俄克拉荷马州立大学人类发展和家庭科学系副教授塔米·亨德森（Tammy Henderson）曾经说过，美国原住民中的祖父母一辈告诉他们的孙辈们的"不伤害别人，尊敬他人，多听少说，回报部落"等，都是金玉良言。

在意大利，有一句谚语说出了祖母的中心地位："不顺利时，给奶奶打电话。"

在许多文化中，随着祖父母年龄的增长，他们不再参与孩子、孙辈的生活，但是在意大利，祖父母在养育孙辈的过程中起到了非常重要的作用。其中的一个原因可能是，意大利与其他国家不同，几代人住在一起是一种常见的文化模式。而且通常是祖父母、女儿、儿子、孙子、孙女都住在一起。

这在西方文化中已经很少见，但在许多亚洲文化中，这种大家庭很常见。它当然会带给人们压力和负担，有亲人每天 24 小时在一旁，想要以自己的方式养育孩子的父母们会觉得约束，因为总是受长辈指指点点。

然而，这种大家庭逐渐消融的驱动因素，不止来自于初为父母的一代，也来自于新一代的祖父母。他们有钱有时间，有许多事情等着他们去做。在养育孩子方面，他们已经渡过了应有的难关，现在他们要享受退休后的时光了。

但是他们为什么非要照顾孙辈呢？为什么祖父母们要将生命中的黄金时代——这些年他们埋头苦干时一直所梦想的生活——用来过苦累的日子呢？是因为在这一代父母的心目中，他们的育儿方式能得到亲人的支持，就如同他们小时候爷爷奶奶对他们的照顾一样，而这一切，对于他们来说是一种温暖的记忆？

哲学博士罗伯特·阿奇利（Robert Atchley），《社会力量和老龄化：社会老年学导论》（*Social Forces and Aging: An Introduction to Social Gerontology*）一书的作者之一，他认为，祖父母在育儿方面的贡献可能是我们强加于他们身上的，因为确切地说，这正是我们所期望的。"你所说的实际上是一种文化形象，那就是祖父母'应该'做什么。"阿奇利博士说。

今天的美国，在育儿方面，大多数父母会选择托管中心或者保姆。只有出现家庭危机的时候，祖父母才会承担起照顾孩子的责任。当前，美国有 770 万儿童跟祖父母住在一起，300 万儿童的基本需求依赖于祖父母，许多人生活在贫困线以下。

　　然而中国又是另一番情景。根据上海市人口和计划生育委员会所言，上海市90%的儿童至少有一个祖辈人看护——其中半数案例中，孩子完全由祖父母照顾，而且，很明显这一数据还在不断上升。其他城市的情况也大抵如此。在北京，70%的孩子由祖父母照顾。在广州，半数的孩子由祖父母看护。

　　那么，为什么中国的祖父母们更愿意照顾孩子呢？一方面是因为中国人的退休年龄较早；另一方面是因为中国的独生子女政策。除此之外，还有一个非常重要的因素。虽然近20年来中国有了翻天覆地的变化，但传统文化仍然在起作用。到目前为止，祖父母不仅跟孩子们住在一起，还要帮着照看孙辈，这种历史悠久的家庭模式，在中国，而不是西方，再次出现。

　　然而，一直沿着城市化道路前进的英国，在这方面出现了分歧。

　　对成千上万很久以前就离开父母寻找工作的人来说，让孩子的祖父母来帮助自己（不管他们愿意与否）不是一个备选项。但是，大部分住得离父母比较近的年轻人在育儿方面开始依赖父母，这一现象前所未有，父母都需要外出工作的家庭数量的增多是明显的驱动因素。

　　祖父母大军中越来越多的人开始帮助那些负担不起儿童托管费用的家庭。慈善机构"祖父母普卢斯"（Grandparents Plus）称，大约200万的祖父母会花时间来帮他们的孩子做家务。据报导，儿童托管的费用在过去的五年增长了27%，儿童托管的时间也在不断增加，因此，在英国，每年祖父母会贡献大约80亿英磅来帮助那些经济紧张、压力较大的父母。

　　研究显示，有3%的祖父母目前会为孩子们提供经济帮助，13%的父母预料到自己以后必须帮助孩子和孙子、孙女负担大学的学费。大多数人称，他们会通过储蓄、投资或出售不动产来完成。

因此，在世界上的许多地方，就养育孩子而言，祖父母再次变得非常重要——也许历史总是在不断地重复。

青春期

青少年的声誉一直都相当恶劣——仅次于排行千年老二的父亲们。对于如今越来越多的回巢族,《来自全世界的育儿经》能否提供解决方案呢?

我注意到,成为朋友中第一个生孩子的人,就等于成了先驱性的父母。

一般来说,在生活中,最先加入父母行列的夫妻,不经意间就成了朋友圈中其他人眼中的"特洛伊木马"。在我不大的朋友圈子里确实如此。

当你谈论残酷的第一年时,其他人极度恐惧地盯着你,中间夹杂着一丝积极向上的好奇心——"但是,他们究竟什么时候吃奶或睡觉呢?"他们窃窃私语。

经过断奶、长牙、如厕训练、入学第一天、牙仙拜访,这对夫妻已经试水,替我们体验了各种打击——他们已经踏出了一条小径供我们走,虽然不会一路平坦,但是要比他们披荆斩棘要好得多。

然而,现在这些勇敢的领路人告诉我们,他们最近所进入的这一阶段使得之前的事情看起来简直就是小孩过家家。

孩子的青春期到了。

这一阶段，孩子们倦怠的四肢、愁苦的表情、用声音而不是字词交流的方式都是一个完全不同的命题，正在经历这一切的朋友如是告诉我们。

世界各地的青春期的孩子都是如此吗？作为一个 13~19 岁的孩子，是否意味着他能感受到自己的行为在别人眼中的样子会与众不同呢？

青春期时间线

历史通常充满了比较残酷的成长仪式，标志着从儿童到成年人的转变。对于男孩而言，尤其如此。

在澳大利亚，土著居民中年轻的男孩子会被送到内地，一个人进行六个月的丛林流浪。肯尼亚年轻的马赛人会接受一个小任务，那就是杀死一头狮子。工具呢？只有一根锋利的棍子和一颗勇敢的心，而那些胆怯的人无法成为真正的男人。而最怪异、可怕、残酷的仪式，要数巴布亚新几内亚的 Sambian 族——自己查资料吧，后果自负。

除此之外，在 20 世纪 20 年代的美国，有一项重要事件可谓是青春期的源头。在第一次世界大战的背景下（更不必说西班牙型流行性感冒，它夺去了世界上 3%~5% 的人口的性命），许多事情发生了变化，美国的年轻人开始展示出一些前所未有的特点。

虽然"teenager"（青少年——译者注）一词几十年后才开始使用，青少年心态却在 20 世纪 20 年代就开始出现了。那时候，死亡和毁灭都在提醒他们生命的脆弱，"活在当下，打破常规，享受生活"成为了青少年的口号。

　　但是一个非常实用的发明为这场革命创造了条件，给它装上了"翅膀"，说得更精确一点，是"车轮"。

　　这要多亏福特先生。新兴的、越来越普遍的汽车，在人类历史上，第一次给了美国的青少年自由，让他们得以逃离父母的监督。

　　特别是年轻人求爱的过程，出现了迅速的转变。在此之前，求偶的小伙子和姑娘们没有其他的选择，只能在家中度过他们的第一次约会。在他们享受这令人激动的约会时，要坐在客厅中，与全家人一起用餐。拜访几次后，两人或许就能得到许可，一起去教堂或者去城镇散步。

　　汽车的出现迅速摧毁了这种家庭传统。约会由此产生，并且立即脱离了父母的密切监视。在美国，汽车提供的私密空间带来了性爱革命，同时，年轻人终于可以走出他们的城镇看一看，去寻找新的约会地点。

　　汽油发动机也发挥了重要的作用，它促进了高中的产生。当可以承载学生到远处去的巴士出现后，当地只有一间房子的校舍就慢慢消失了。大量的青少年每天都聚集到一起，一种新的文化由此产生，在接下来的时间里，不断被全球的其他国家所效仿。

　　在历史、文化和社会背景不断改变的同时，近年来，一些重大的心理学研究表明，青少年时期确实与其他时期不同，在这段时期内，我们确实过着与众不同的生活。

嗜睡、冒险和顶嘴

　　青少年的睡眠时间多到令人震惊。当然，你会记得你年轻时候睡懒觉的样子，但是当你再次碰到这样的孩子时，他们的睡眠时间还是会让你目瞪口呆。

懒惰？叛逆？还是"这羽绒被太舒服了"？

无疑，这三种情况都存在，但是其背后还有生理学层面的因素。邓迪大学的最新研究表明，青春期带来的变化导致了人体生物钟的改变，这就意味着青少年在晚上时会感到困倦。

青少年们想要学到很晚，或者玩电子产品玩到很晚，那么他们在晚上11点之前往往不会入睡，这就占据了他们的睡觉时间。这样一来，他们就过着黑白颠倒的生活，而他们需要 8.5~9.5 小时的睡眠身体才能正常运转。在这种情况下，深具影响力的美国儿科学会开始呼吁推迟早上上学的时间，来缓解青少年长期缺乏睡眠的情况。

美国儿科学会称，这一问题涉及到大众的健康。年轻人缺乏睡眠可能会导致肥胖症、抑郁症、交通事故多发。如果青少年增加睡眠时间，他们的学习成绩也会相应地提高，注意力会更集中，同时他们解决问题的能力和记忆力也会提高。

所以，让青少年多睡一会儿还是非常有道理的。

那么日渐增多的冒险行为呢？或者是孩子们在家中的叛逆行为？

手头上有钱又有时间的青少年却像个淘气鬼，这只是现代西方国家才有的现象吗？

并非如此。来自费城天普大学的劳伦斯·斯坦伯格 (Laurence Steinberg) 认为，这种现象不仅在人类文化中非常普遍，而且在其他哺乳类动物的生活中也很常见。

也许离开父母所提供的安全保障是一种危险的行为，但是这种行为的背后好像有着某种生物学因素。因为冒险对于这种生物学因素是有益的，它在青少年的心中加以强化，因此当他们接近这一年龄时，这种生物因素不断出现，最后他们勇敢地迈出最危险的一步，实现了自身的独立。

在大脑中，驱动这种行为变化的是不同大脑系统之间的竞争，也就是社会—情感系统和认知控制系统之间的竞争。二者在人们的青春期都会不断成熟，但是速度却不同。社会—情感系统主要掌管社会和情感信息，当人们到了青春期，这一系统就变得非常活跃，使得人们在面对社会影响和同龄人的压力时会敏感、情绪波动强烈，进而铸就了我们眼中的青春期少年的行为方式。

然而，大脑中的认知控制系统会控制我们的行为，并最终决定我们什么时候做什么事情。大脑中这片特殊的灰色组织至少要等我们长到25岁左右才会成熟。因此，你大脑中过分活跃的社会—情感中心一直在依靠一个尚不成熟的掌控中心来做决定。

大脑中有两种系统共同工作，那么事情常常变得一团糟，还奇怪吗？

同父母顶嘴对孩子来说是另一个非常重要的发展阶段，无论人们所处的语言环境如何。这并不是说现在的年轻人是一群不懂得尊重人的家伙。他们认为，那时候也许这种行为看起来很奇怪，但是这是年轻人构建能力以拒绝来自同龄人压力的一种方式。通过跟你争论生活中发生的每件事情，他们建立起所需的刚毅，不卑不亢地面对他人，更重要的是，成为一个独一无二的个体。青少年和父母之间的纽带越紧密，他们就越期望能够推开界限，成为一个性格强大、行为真实的独立个体。当你同你15岁的孩子因为纹身或者电视遥控器第 N 次争吵时，其背后的问题就在于此。

如果青少年的行为方式之谜能够开始通过科学来解释，那么不久的将来，各种文化中的标签和成见就会被重写。但是在这方面我们还有很长的一段路要走。

例如，今天吸毒或者酗酒的年轻人是否比任何一个历史时期都要多？伦敦、巴黎或纽约街道上的成年人在回答这一问题时，给出的肯定都是一个响亮的答案："是。"查阅现实材料就会发现，同犯罪情况和人口数据一样，大众对于负面和威胁情况的普遍误解往往脱离事实。

数据显示，2013 年，英国 11~15 岁的青少年中吸毒和饮酒的人数都在不断下降，而且近 10 年来都是如此。在美国也是如此。

这种趋势背后有一系列原因，其中一个原因就是我们在育儿方面做得越来越好。更好地照顾孩子，特别是在最重要的前五年让孩子感受到父母的爱，可以显著减少孩子成年后酗酒或吸毒的情况。

同时，人们还提到，现在的青少年有丰富的课外活动，在父母接他们回家、送他们上学的这段时间，他们根本没有时间来体验其他东西。

还有一种特殊的分散注意力的因素，也是促使美国和欧洲的青少年酗酒和吸毒人数下降的重要因素。这是一种全球性的现象，它将青少年的注意力从物质滥用转移到其他东西上。可事实证明，这种东西也同样会让人上瘾，这就是网络、社交媒体和游戏——电子毒品！

20 多年前，揣着一瓶偷偷买来的便宜的苹果酒去公园是一件又酷又英勇的事情。但是，对于今天的年轻人来说，探索聚集着世界各地的人群的虚拟世界，在 Twitter 上与同龄人聊天，比公园长椅上偷买的零食或者在街角秘密接头更有吸引力。

此外，在这一代年轻人联系越来越紧密的同时，之前的一代或两代人之间却越来越失去联系。事实上，就像一个新手一样，我们是不是进入了一个父母和孩子角色颠倒的时代？成年人依然保持着他们年轻时候形成的恶习，而在这一代的年轻人心中，世界是紧密联系的，与他们的老爸老妈相比，他们是否比父辈更早成为优秀的世界公民？

青少年什么时候才变成成年人呢？当然，这是一个复杂的问题。也许一个国家认为青少年可以独立思考和行动时，就算是成年了。而实际上，各国的情况存在很大差异。

在欧洲，16 岁时最常见的标准，英国、塞浦路斯、芬兰、格鲁吉亚、拉脱维亚、立陶宛、卢森堡、荷兰、挪威和瑞士都采用这一标准。

而在捷克、法国、丹麦和希腊，15 岁是成年的标准。在奥地利、德国、葡萄牙和意大利成年的标准是 14 岁。

一直以来，西班牙成年的年龄标准在世界上属于最小的行列，仅仅 13 岁就属于成年人。最近，在立法中这一年龄被提升到了 16 岁。

欧洲以外的地区，在这方面的差异更大。例如，在巴林王国，成年的年龄底线为 21 岁，而伊拉克为 18 岁。

部分国家内部不同的地区也存在着差别。澳大利亚的成年的标准年龄在 16~17 岁之间，不同地区的标准不同。美国也是如此，成年标准年龄在 16~18 岁之间，各州的标准也不尽相同。

另一方面，巴西、秘鲁、巴拉圭、厄瓜多尔和哥伦比亚等国家，都把成年年龄设为 14 岁。而在日本，在特定环境下，13 岁时发生性行为也是允许的。

上述情况表明，究竟什么时候是未成年时期结束、成年时期开始的真正时间，世界上的人们根本没有达成一致的观点。

大概有 1.6 亿儿童生活在世界上最贫困的国家，那里的情况让他们不得不早早成年，其中半数以上人们的生活环境非常糟糕。与此同时，在世界上许多非常富有的国家里，未成年时期却被大大延长，远远超过了青少年时期。这无疑又加重了这一分歧。

回巢族

在意大利，人们称他们为 bamboccioni，意思是"大宝宝"。在英国，人们称他们为 KIPPERS，意思是"父母口袋里的孩子"。在美国，他们被称为"回巢族"，因为他们总是会回到家中的沙发上。

孩子成年后，到了 20 岁、30 岁甚至 40 岁，依然住在家里，这在过去是一种罕见的现象，简直可以拿来作为喜剧人物主题。现在，这种现象已经司空见惯了，对于许多人来说，这已经不再是什么好笑的事情了。

最近的《纽约时报》中的一篇文章，标题非常阴郁："已成定局！'回巢族'不会离开。"这篇文章在网上引起了轩然大波，人们开始讨论那些房间拥挤、冰箱空空的现象。

但是，这实际上是一种跨文化的潮流，其背后的原因是 2007 年~2008 年席卷大部分发达国家的金融危机的余波。

从美国的巴尔的摩到英国的布赖顿，当年轻人找不到工作时，经济独立和成熟的成年人世界对许多人而言就成了一种无法实现的白日梦。

从传统意义上来讲，在孩子和父母共同居住的家庭比例方面，欧洲一直都比美国要高。斯堪的纳维亚和荷兰的这一比例比法国或者英国稍低，而欧洲的南部、中部和东部，待在家中的孩子的数量最多。

但是经济滑坡使得这一比例大幅上升：数据显示，在美国，18~31 岁的人中当前有 36% 的人与父母住在一起；而在英国，这一比例非常惊人，达到了 48.3%。

在意大利，这一问题成为了困扰整个国家的问题。一名法官裁定，一位 60 岁的意大利父亲必须向他 32 岁的女儿支付津贴，因为她依然跟父亲住在一起，而且没有工作。这一案例使得一位政府部长提出了一项律法，强行规定孩子们在满 18 岁后必须离开家。意大利在这方面问题最严重，不仅是因为孩子们离家的平均年龄为 26 岁，还因为，即便他们离家，离家后的距离在整个欧洲来说都是最近的，平均只有 15 英里，无论用什么标准，这个距离都近到你可以把衣服带回家给妈妈洗了。

也许我们看待这一问题的角度不对。或许我们应该欢迎这种趋势，将其作为反击现代化所带来的、永远在发展的个人主义的开始。

城市化和工业化导致的有几百年历史的大家庭的解体，也许将要回归。也许，过去 10 年持续的经济低迷将我们又重新聚合在一起，因为最终我们都需要彼此在一起生活一切才会更好。

也许，是"回巢族"回归的时候了。要不，我们就需要换锁了。

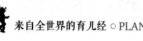

○ 一位家长的话 ○

像我的大多数女性朋友一样，我现在跟我的婆婆一起在北京生活。虽然我的父母住得离我们很远，但是他们也会经常过来帮助我们。

有了他们的帮助，我有足够的时间和空间来忙我的工作。对于我的两位妈妈——婆婆和妈妈，我非常感激，特别是我的婆婆。她不仅帮我照看孩子，还帮我们做家务，给我们做饭。最重要的一点是，我想我的女儿能从她的身上学会如何努力工作、保持环境整洁。

当然，婆媳关系不好处，但是如果有问题，我一般会选择让步，因为只要想一想她为我们所做的，一切问题就都消融了。

我老公是女儿的最爱！他的大部分业余时间都用来陪他的小天使，他是一个很不错的爸爸。我一点儿都不嫉妒——他们之间越融洽，我越开心。现在，我感觉身边有半数的父亲都很称职。

作为一个现代妈妈，五天的工作日我会努力工作，周末的两天我会尽情享受身为母亲的乐趣，我在尽自己最大的努力来平衡工作和生活。

我不赞同那些一直自己照顾孩子的妈妈的做法。我的一位朋友却非常赞成这一点，她照顾孩子的时间越长，就越难离开家庭去工作，最后她肯定会认为她是世界上唯一一个能够把她的宝宝照顾好的人。

于彩丽（Shirley）——中国

世间智慧——最后一站

在美国，40%的家庭中，母亲是唯一或主要的经济支柱——这一比例近乎1960年的四倍。

70%的日本女性生完第一个孩子后，就会马上选择辞职。说到做家务和照顾孩子，日本的男性也远远落后于其他国家的男性。研究显示，在日本，父亲在家陪孩子的时间平均为每天15分钟。

成千上万的年轻人，随着人类寿命的延长，祖父母的进化——以及他们在养育孩子方面的帮助——是帮助人类统治地球的重要因素。有爷爷奶奶的帮助多么重要啊！

我们今天所谓的"青少年"的概念创造于20世纪20年代的美国。

最近发明的汽车是青少年革命的催化剂，为他们提供了隐私、流动性和逃离父母监督的自由，这是人类历史上绝无仅有的。

青少年的大脑确实与众不同。研究表明，他们大脑中过分活跃的社会-情感系统，与一个尚未成熟的认知控制系统相结合。这解释了许多问题。

但是2007年~2008年金融风暴引起的经济滑坡使得在家中居住的孩子的比例大幅上升：数据显示，在美国，18~31岁的人中当前有36%的人与父母住在一起。而在英国，这一比例非常惊人，达到了48.3%。

旅程的终点：到底有没有育儿乐园呢？

我们从受孕讲到了育儿的最后一站，这一路上，我们挖掘出了许多跨文化的金砖，但是，是否存在一个育儿乐园、一个快乐的乌托邦呢？在我们的旅程中，是否存在一个国家可以被认为是地球上最适合养育孩子的国家呢？

当然没有。"作为父母，你只能跟你最不快乐的孩子一样快乐"，从内罗毕到纽卡斯尔，从北京到巴西利亚，这句格言都适用。没有人曾经破解过它，或者找到完美的育儿秘方，因为它根本就不存在。

但是，有一点确定无疑，在育儿方面，与其对其他国家的育儿技巧充满好奇，甚至觉得怪异，我们不如摘下有色眼镜，好好思考一下我们能够从对方那里学到什么。

比如，英国最终开始实施法国孩子长期以来在学校用餐的一些基本要素——禁止自动售货机和垃圾食品，将用餐时的饮料换为白开水。

我们还学到了关于袋鼠式护理的离奇故事，在充满保育箱和其他复杂设备的医学世界，人类将孩子放在胸前的本能已经丢失，直到逆境和绝望让一位哥伦比亚医生重新发现了这种本能，并掀起了早产儿护理的革命。

实际上，教育世界也充满了思想交换。各国的代表团不断前往芬兰学习，因为他们希望能够找到并且消费他们的魔力课堂秘方。

说到养育孩子，如果说有一个地区一直处于排行榜前列，那它肯定是斯堪的纳维亚地区。如果你再把丹麦和荷兰也加进来，就创造了一个特殊的地理区域，而在这一特殊的地理区域，在育儿的许多方面——从产妇分娩和儿童托管，到教育系统和儿童健康——都一直遥遥领先。

但是，这些是否就能证明，育儿密码在这些地区最终得以破解？

并非如此。

当然，与其他国家一样，这些国家也有各自的问题。事实上，在瑞典，最近掀起了一场激烈的辩论，人们开始质疑其他国家经常羡慕不已的以儿童为中心的养育方式所带来的结果。

讨论所围绕的中心人物是大卫·厄柏哈特（David Ekerhard），精神病医师，六个孩子的父亲，曾出版过《小孩如何夺权》（*How Children Took Power*）一书。他提出，过于敏感地对待孩子，拒绝惩罚他们，就会培养出一个又一个"被宠坏的孩子"。

在父母的领地上，没有什么是简单明了的。

此外，有一点毋庸置疑，在不远的将来，世界上的父母将面临极其严重的育儿挑战，其中儿童肥胖症就是比较紧迫的问题。

也许一个还没完全凸显出来的问题就是科技的巨大进步给我们的孩子们所带来的影响。他们使用触摸屏的习惯越来越根深蒂固，而且更为频繁。

而且，因为智能手机和平板电脑的出现改变的不只是这些孩子们。作为"儿童状态"调查的一部分，美国 Highlight 杂志询问了 1521 个 6~12 岁的孩子，问他们是否觉得自己被父母漠视和忽略——62% 的孩子给出了肯定回答，这种状况着实令人担忧。

那么，孩子们认为父母忽视他们的罪魁祸首是什么呢？当然是手机。

当研究人员问这些孩子们，如果让他们跟父母实际地面对面谈一些重要的事情时，什么时候是最好的时间？ 33% 的孩子会选择吃饭时间，29% 的孩子会选择睡觉时间——因为这些时间父母都已经远离手机了。

但是，我们可以借鉴其他国家的做法，进而发展自己的育儿技能，不论是在如厕训练、母乳喂养，还是在惩罚措施、学习方式等方面。这些新出现的问题，我们肯定可以从众多国家的模式中找到答案。

虽然不同国家之间存在着差异和距离，但是世界确实在越变越小。因为我们都在应对这一困难重重却又无比有价值的工作，人们的共同语言也越来越多，可以相互借鉴的内容也达到了前所未有的程度。

如何帮助孩子在 3-12 岁之间养成好习惯！

30 年咨询经验、3000 场主题讲座、每年近 10000 次家长面谈，一套被上万家庭验证的有效管教法！

书　　名：《有效管教指南》
作　　者：【美】约翰·罗斯蒙德
出版社：九州出版社
定　　价：36.00 元

★　告诉你如何在 3-12 岁之间帮助孩子改掉坏毛病，养成好习惯；

★　美国广受欢迎的实战派育儿问题专家、家庭心理学家、畅销书作家约翰·罗斯蒙德代表作品！

★　作者通过 30 年咨询、3000 场主题讲座、每年近 1000 次家长面谈总结出的 7 大法宝，数万家庭验证有效！

★　孩子该睡觉时不睡觉、乱发脾气、在家里蛮不讲理、爱撒谎……怎么办？所有那些让你手足无措的问题，其实答案都很简单。

如何与孩子保持终身的亲密关系？

教育孩子的最佳方式，是父母先优化自己！

无论发生什么，亲爱的孩子，我们都爱你！

书　　名：《因为爱，所以节制》
作　　者：【美】布伦达·加里森　凯蒂·加里森
出版社：九州出版社
定　　价：36.00 元

★　《因为爱，所以节制》是美国家庭教育专家布伦达·加里森教育孩子的心得，也是写给天下父母的心灵成长课。

★　本书通过不同案例，讲述了父母与青春期孩子相处的方式方法，从孩子和父母两个角度分析了建立亲密关系的必要性，因为亲密关系是一切教育的基础，"没有了与孩子的融洽关系，我们就什么都没有了，没有了影响力，也没有办法引领他们走向成长"。